与最聪明的人共同进化

湛庐 CHEERS

HERE COMES EVERYBODY

U0307330

人类的
算法

The Human Story

〔英〕罗宾·邓巴 著
Robin Dunbar

胡正飞 译

四川人民出版社

罗宾·邓巴

▼ 牛津大学进化人类学教授
▼ 『邓巴数』的提出者
▼ 高产的畅销书作家

▶ 牛津大学
进化人类学教授

　　罗宾·邓巴 1947 年出生于一个工程师家庭，少年时的他对哲学及心理学产生了浓厚的兴趣，后来在牛津大学莫德林学院获得了哲学及心理学学士学位。1974 年，他又获得了布里斯托大学心理学博士学位，研究课题为"狮尾狒〔gelada〕的社会组织"。

　　2007 年至今，邓巴在牛津大学担任认知与进化人类学研究所所长一职。在牛津大学，他探究了行为、认知和神经内分泌机制之间的关系，希望通过了解这些机制在人际关系中所起的作用，将其用于指导人们更好地应对自己周遭的各类关系，帮助他们克服社交生活中的种种障碍。

　　1998 年，邓巴入选英国科学院院士。他还曾是英国科学院百年纪念项目"从露西到语言：社会脑的考古学研究"的联合主任。2014 年，邓巴获得英国皇家人类学会授予的"赫胥黎纪念奖"，这也是英国皇家人类学会的最高荣誉。

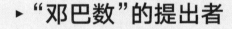

▶ "邓巴数"的提出者

　　20 世纪 90 年代，罗宾·邓巴经研究发现，灵长类动物的大脑尺寸与其平均的社会群体规模之间存在相关性。通过大量的实验及观察，邓巴提出，人类个体所能维系的稳定关系数量在 150 左右——人们知道其中的每个人是谁，与这些人保持着一定频率的社会联系，也了解每个人与其他人的关系如何。这个数字又被命名为"邓巴数"。

　　邓巴数理论被认为是很多社交网络服务及人力资源管理理论的基础。许多互联网从业者，尤其是对社交网络有研究的人，都极力推崇这一概念。微信创始人张小龙就曾公开表示，微信群中的很多功能都是根据这一理论设置的，如群人数在 40 人以内时，可以直接加入，而大于 40 人时就必须得到对方的同意，而大于 100 人时无法通过识别群二维码来入群，这些都是为了保证微信群成员之间相互熟识，实现沟通效率的最大化。

尤瓦尔·赫拉利和 Facebook 公司内部的社会学家卡梅伦·马洛（Cameron Marlow）也都曾表示，邓巴数为他们的研究及社交网络的建构提供了理论基础。了解邓巴数背后更深层次的人类学、心理学及社会学背景，将有助于我们更好地应对互联互通的未来社会。

▶ 高产的畅销书作家

邓巴教授的作品被媒体誉为"带着最新研究和新成果的热气""强劲有力且发人深省"。他的《梳毛、八卦及语言的进化》被畅销书作家马尔科姆·格拉德威尔（Malcolm Gladwell）奉为"大众科学的神作"。年逾古稀的他仍然保持着很高的写作热情。

时隔 20 多年，高速发展的互联网表面上似乎颠覆了人类的社交行为，却没有超越邓巴教授的诸多精彩论述。在《最好的亲密关系》一书中，邓巴提出，互联网虽然提供了新的社交方式，但并没有改变社交的本质。人类本质上而言是一种关系的动物，只有深入理解这一点，我们才能在纷繁复杂的现代社会里过上幸福、自足的生活。《社群的进化》指出，人类社交生活的开展主要受限于大脑新皮层的面积，自人类祖先从非洲一路走来，人类大脑就处于不断增大的进程中，而我们的社群生活也随之发生了各种神奇的变化。

在《大局观从何而来》一书中，邓巴更是提出，我们可以运用处理小规模社群的经验来应对无限连接的互联网社会，充分发掘个人魅力，在社交生活中掌握传播、连接的主动权。而《人类的算法》一书则算得上是邓巴对自己多年的人类学研究的一次总结，人类之所以能够在漫长的进化史上留下诸多浓墨重彩、震古烁今的艺术印记，正是因为我们具有六大卓尔不群的非凡特质。

可以说，罗宾·邓巴在"深度理解社群"四部曲中为读者营造了一个充满趣味又富有指导性的知识体系，他将带领我们深入人类社群生活的腹地，探寻其中相互交织的种种奥秘！

作者演讲洽谈，请联系
speech@cheerspublishing.com

更多相关资讯，请关注

湛庐文化微信订阅号

湛庐CHEERS 特别制作

社会脑的演化

汪丁丁

北京大学国家发展研究院教授

反复斟酌，我认为只能从 2016 年 10 月 4 日英国皇家学院的临床心理学家论坛第一主讲人的自我介绍开篇。这位主讲人，"Robin Dunbar（罗宾·邓巴）"，首先需要有一个更优雅的中文姓名。在 2018 年春季学期北京大学我的"行为经济学"（本科生与研究生合班实验教学）课堂的第六周（参阅图 P-1），我详细介绍了他和他的牛津大学实验心理学团队发表于《行为脑研究》（*Behavioural Brain Research*）2018 年 2 月的一篇论文"The Structural and Functional Brain Networks That Support Human Social Networks"，这一标题，符合脑科学传统的翻译是：《支持人类社会网络行为的脑解剖结构与脑功能结构》。这篇论文的叙事风格是社会学或人类学的，非常不同于以往我在课堂上介绍的那些脑科学文献，根据我的印象，它应当是 2012 年以来在脑科学领域里迅速崛起的"脑联结组学"（human connectomics）张量弥散核磁共振成像技术（我通常译为"全脑拓扑成像技术"）用于研究人类互联网行为的第一篇论文。根据这篇研究报告，互联网社交行为可在 30 天内显著改变被试脑内参与社交的诸脑区之间的脑白质（而不是脑灰质）拓扑结构。注意，根据《神经科学手册》[①]（2004 年），恒河猴的实验表明，脑的功能结构（脑灰质功能区）可在 30 天内显著改变[②]。但是脑的解剖结构的显著改变，必须借助于 2012 年开始实施的"全脑拓扑成像技术"才可检验。从著名的"邓巴限度"（又译"邓巴数"）到社交网络行为脑的研究（参阅图 P-2)，结论不变：在几百万年里演化形成的人类的灵长类心智，尚未获得超过邓巴限度的能力，在互联网时代，平均而言，这一限度大约在 150 ～ 200 人之间。（邓巴限度是指："A measurement of the cognitive limit to the

① 参阅《神经科学手册》（Neuroscience）第 4 版第 24 章。
② 参阅我的《行为经济学讲义》第 6 讲图 6-26。

number of individuals with whom any one person can maintain stable relationships."我的翻译是：一个人与他的任何朋友之间维持稳定关系所需认知能力的限制而形成的朋友人数的上限。）邓巴限度对沉溺于社交网络的年轻人而言是解毒剂，为此，邓巴教授受邀在各地演讲，我也为此写了一篇长文《情感模式：微信群规模与社会脑假说》[1]。我推测，一个人的姓名从统计上来看，可以显著地影响他的学说在社会记忆里能够被保存和传播的范围。有鉴于此，我决定为邓巴教授物色更为典雅的中文姓名。2019 年 2 月 7 日（正月初三）风清月朗的黎明，我反复吟诵"Robin Dunbar"的时候，很可能与民国时期的翻译传统有关，"饶敦博"这个名字自然呈现于我的意识。我知道，这就是他应当有的中文姓名。当时正值寅时，这番议论，发表于我的"跨学科教育在北大和在东财"微信群。那儿的主要成员，我称为"九君子"，我常与他们探讨最初呈现在我意识中的构想。

[1] 见《腾云》杂志，2017 年，第 61 期。

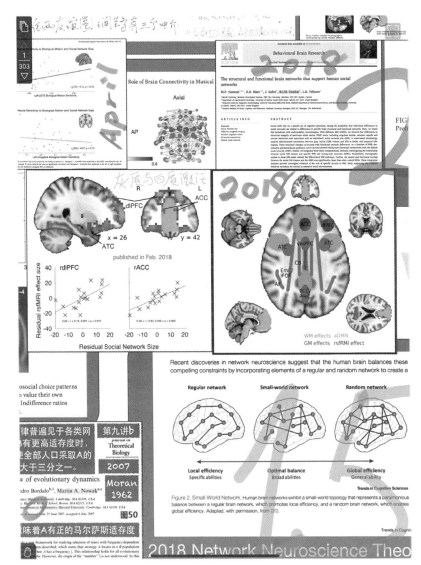

图 P-1　"行为经济学"课堂上所用的课件（局部）

资料来源：汪丁丁 2018 年春季学期北京大学课堂"行为经济学"局部课件示意图。

Facebook 数据得出的结论：

平均而言，每一个人在这里能够维持交往的朋友人数在 150～200
人之间。

你可能会列出 100 多位朋友，但你只会跟其中的少数人发生交流。

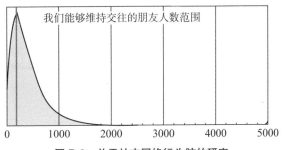

图 P-2　关于社交网络行为脑的研究

注：极少数的人能够维持 5000 人的社交。饶敦博解释说，那些活动主要是
学术交往。

资料来源：罗宾·邓巴于 2016 年 11 月 8 日在 Fold7（Creative Agency of
London，一家伦敦的创意机构）上的演说视频。

为饶敦博著作的中译本作序，可以十分简单，但不符合我的"思
想史叙事"风格。凡我承诺作序，务求将原著作者嵌入他的著作由以
形成的历史情境之内，以便呈现这一作者的学术与思想和特定历史情
境内的学术与思想整体格局之间的关系。这是我长期以来坚持的"思
想史叙事"风格，也是我认为最适合于批判性思考的叙事风格。2019
年 4 月 21 日，仍是寅时，我在 YouTube 见到开篇提及的饶敦博 2016
年 10 月 4 日为临床心理学家做的演讲视频，这次演讲的开场白恰好
是他对自己毕生思路的简要介绍。他这一番自我介绍，实在应当尽快
被写入维基百科"Robin Dunbar"词条（这一词条的内容亟待改善）。

　　饶敦博的思维模式，根据他的自我介绍，从来就是跨学科的。他出生于 1947 年，容我补充注释：在人口学研究中，第二次世界大战之后出生的"代群"（这也是人口学术语）被称为"婴儿潮"（长期战乱后的人口生育率高潮）。资源稀缺，婴儿潮代群内，同龄人之间的竞争，从生到死的人生诸关键阶段，随着代群规模突然增加而突然激化。这是人口经济学的命题，它在中国转型期社会得到了格外丰富的经验支持。也许因为竞争激烈，也许因为斗转星移（根据星相学的预言），互联网时代的开创者们，现在被称为"极客"的这批怪才，大多属于这一"婴儿潮"代群。

　　言归主题，饶敦博出生于 1947 年，与父亲一样，他在古老的牛津大学读本科，而且与父亲一样，他读本科的学院，是这所千年名校的各学院当中财富排名最高的 Magdalen College[①]——这家学院"名人榜"里有奥斯卡·王尔德和埃尔温·薛定谔，还有我常引述的与卡尔·波普尔合写《自我及其脑》的神经生理学家约翰·卡鲁·埃克尔斯（因神经元"突触间隙"的研究获得 1963 年的诺贝尔生理学或医学奖）。在这所学院，他于 1969 年获得心理学与哲学双学位学士。然后他在布里斯托大学读心理学博士，1974 年得到博士学位，论文主题是"狮尾狒的社会组织"。检索可知，狮尾狒仅见于埃塞俄比亚高原，因胸部呈红色又称为"流血的心"。此后，饶敦博开始了他自述的"每 7 年一次的轮回"，游荡于不同大学的心理学系、生物学系、人类学系，准确而言，他说，需要 5 年时间发现他其实不属于该领域，再需要 2 年时间寻找他喜欢去的下一个领域。我有同感，诸如饶敦博和布莱恩·阿瑟这样的跨学科人物，很难在大学严重官僚化了的系科管理体制内生存。从博士毕业到现在，饶敦博说，他正处于第三次轮回，下一个领域似乎是整合他自己积累的全部知识，于是意味着创设"演化社会学"。于是有了我这篇序言的最初标题。检索"演化社会学"，我只得到一篇关于英文著作《新进化社会学》的中文简介。又检索英文著作，得到 4 本书，最新的出版于 2003 年，是关于"利他主义与爱"的研究论文集，与饶敦博的学术脉络相关，但毕竟视野不够宽广。

在我自己移动硬盘里的"饶敦博"著作文件夹中，总共有 39 篇文献，涉及相当宽广的领域。综合而言，他的问题意识是"人类学"的，他的研究方法是"演化心理学"的，于是他的学术脉络可概括为"社会脑演化"思路。他为此写了两篇综述自己学术研究的文章，标题只有一字之差：《社会脑的演化》（Evolution of the Social Brain）[1]和《社会脑内的演化》（Evolution in the Social Brain）[2]。也因此，2014年，他获得英国皇家人类学会的最高荣誉——赫胥黎纪念奖。

　　饶敦博于1994年游荡到利物浦大学动物学系，并在那儿任教7年，头衔是"演化心理学教授"。在此期间之前的7年，1987～1994年，他在伦敦大学学院任教。1988年，他发表了博士论文之后的第一部专著《灵长类社会系统》。物竞天择，与参与资源竞争的物种（主要是"猫科"与"犬类"）相比，灵长类是"弱势"群体，由许多偶然因素促成[3]，它们成为"社会性哺乳动物"。这些弱小的猴子们不得不"抱团取暖"，并为群体生活支付相应的代价，例如，相互梳毛的时间。参阅我的《行为经济学讲义》关于"利他行为"和"间接互惠"的讨论，猴子挠背很难，故而它们的闲暇时间大量用于相互梳毛，甲方给乙方挠背，然后乙方给甲方挠

①　参阅英国《皇家学会通讯》，2007年，第274卷，第2429-2436页。
②　见《科学》杂志"社会认知"栏目，2007年9月7日。
③　参阅我的《行为社会科学基本问题》。第1版，上海人民出版社，2017年。

背，所谓"互惠"。或者，甲方给乙方挠背，然后乙方给甲方信任的丙方挠背，所谓"间接互惠"。灵长类的个体，相互之间信任关系的确立，很大程度上依赖于日常生活用于相互梳毛的时间。如果"外敌"强大，则对抗敌人的群体规模就要足够大，于是用于相互梳毛的时间也随群体规模的增加而呈指数型的增加（参阅图 P-3）。如果群体成员总数是 N，则足够强烈的信任关系要求亲密朋友之间相互梳毛所需的时间与"2 的 N 次方"成正比。也是因为指数型增加的速度远高于算术型增加，在几百万年的演化中，人类社会仅在最近百多年才走出"马尔萨斯陷阱"。总之，这是饶敦博在《人类的故事》[①]里讲述的因为"时间制约"而导致的"语言梳毛"现象。语言能力（它当然占用了很多脑区）极大扩展了群体规模，45 的 3 倍是 135，这就是最近几十万年人类社会的邓巴限度，中译本《社群的进化》，其实是饶敦博 1988 年这本《灵长类社会系统》的扩充版。

[①] 此处指本书。——编者注

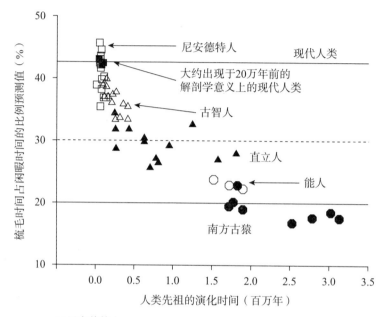

图 P-3　人类先祖梳毛时间占闲暇时间比例

注：尼安德特人和现代人类的这一比例都已超过 40%。直立人、能人以及部分南方古猿的这一比例在 20% ～ 30% 之间。晚近的 50 万年，大约在 35 万年前的古智人，这一比例是 35%。

资料来源：罗宾·邓巴：《社会脑：心智，语言，演化视角下的社会》(The Social Brain: mind, language, and society in evolutionary perspective)，选自《人类学年鉴》(Annual Review of Anthropology)，2003 年，第 32 卷，第 163–181 页。

饶敦博真正重要的学术贡献不是"邓巴限度"，而是这一限度的

"社会脑"解释。当然，为确立邓巴限度这一特征事实，饶敦博需要投入足够长期且艰苦的田野观察与数据分析。对社会脑的解释，最佳综述，仍是上面引述的 2007 年 9 月 7 日《科学》杂志饶敦博的文章——《社会脑内的演化》，尤其是图 P-4 和图 P-5。这里的图 P-4 表明，个体想象未来以及想象其他个体意图的能力（这是大脑前额叶新脑皮质的职能）受新脑皮质扩张幅度的制约。在这一制约下，最大的群体规模保持在 40 ～ 60 之间。用饶敦博的语言来说是，特征数值是 45，也就是 15 的 3 倍，而 15 是 5 的 3 倍。注意，这里出现的三个规模常量——5（家庭生活）、15（洞穴聚集）、45（社群规模），是社会脑在演化中能够支持的社会规模的 3 个关键常量。我在《行为经济学讲义》里讨论过，象群与人群是超越第三常量的少数已知物种（参阅图 P-6）。饶敦博在 2016 年发表的一篇论文《说说这件事儿：闲聊人数是否受心智建模能力的制约？》（Something to Talk about: Are Conversation Sizes Constrained by Mental Modeling Abilities?）[①]。他在这篇文

① 参阅《演化与人类行为 》（*Evolution and Human Behavior*），2016 年，第 37 卷，第 423–428 页。

章里认为，参与面对面闲聊的人数通常不会超过 4 人，因为与人们在白天工作时段交换储存在各自长期记忆里的知识不同，闲聊（统计显示，闲聊内容的 2/3 是关于其他社会成员的"传闻逸事"）需要的脑区主要涉及短期记忆和工作记忆，但它要求参与者尽可能追随闲聊的全过程并想象其他参与者的意图，以便能及时且恰当应对。由于短期记忆与工作记忆不易追随和想象来自"四面八方"的发言与意图，如果闲聊的人数超过 4 个，就会有人放弃闲聊（例如"开小会"）。在一篇发表于 2014 年的论文里，饶敦博考证，火的使用（发生在大约距今 160 万～ 15 万年之间这样漫长的时期内）与集体狩猎之后凑着篝火烹饪食物（社交餐饮），对强化群体成员之间的信任感至关重要，这篇论文是《围着篝火聊天是如何演化的》①。这篇短文的图 1 显示，为维持足够大的群体的成员之间足够高的信任感，平均每天，人类需要 4 个小时以上的闲聊，而"能人"只需要"1 小时"的社交时间。仅当语言能力、食物与篝火三者都具备的时候，人类才可在夜幕降临之后有 4

① 参阅《美国科学院通讯》，2014 年，第 111 卷，第 14013–14014 页。

个小时的闲暇时间用于社交。在饶敦博的另外一本书《最好的亲密关系》中，他转述了我在《行为经济学讲义》里有更详细引述的脑科学家塔尼亚·辛格（Tania Singer）的情感脑研究，尤其是她关于信任感的实验。

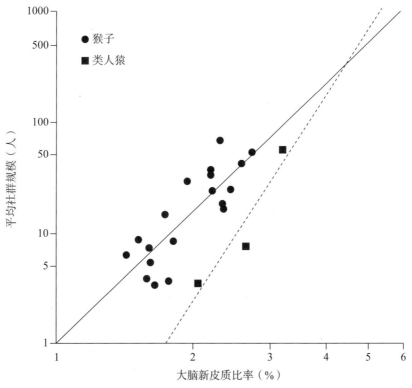

图 P-4 社群规模与大脑新皮质的关系

注：类人猿社会群体的平均规模随着"新脑指标"的上升而增加。此处，"新脑指标"由前额叶体积与大脑扣除前额叶之后其余脑区的总体积之比表示。

资料来源：选自《社会脑内的演化》，见《科学》第 317 卷，第 1344–1347 页，图 1。

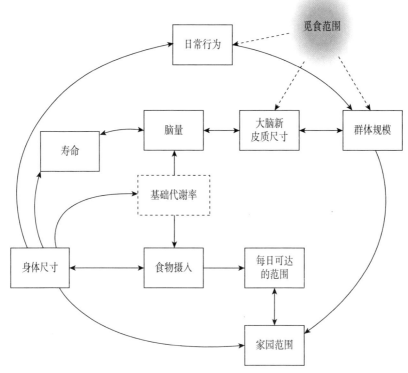

图 P-5　与灵长类脑量的演化相关的三大因素

注：与灵长类脑量的演化显著相关的三大因素：觅食范围、日常行为、大脑前额叶（新脑皮质）的尺寸。这三大因素更像是演化的制约条件，而不像是演化的驱动变量。这张图的核心部分是基础代谢率（BMR），第一，为维持必要的营养与代谢水平（首先由身体的尺寸决定）而必需的脑量，这一脑量与个体寿命（也受身体尺寸的影响）相互影响。第二，身体尺寸与食物摄入（由基础代谢水平决定）相互作用。第三，身体尺寸和食物摄入（通过每日可达的范围）决定了日常行为与觅食或家园的范围，而这一范围依赖于由信任度足够高的个体构成的群体的规模。新脑皮质（前额叶在最近 50 万年甚至最近 5 万里扩张形成的部分）必须适应三方面的约束：第一，外在威胁；第二，群体规模；第三，脑容量允许的新脑皮质扩张幅度。

资料来源：选自《社会脑内的演化》，见《科学》第 317 卷，第 1344–1347 页，图 2。

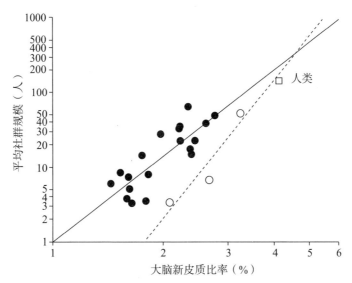

图 P-6 社群规模与大脑新皮质的关系

注：这张图选自饶敦博 2003 年发表于《人类学年鉴》的综述文章，与图 P-4 不同，这里出现了人类样本，群体规模的均值在 100～200 之间。

资料来源：汪丁丁：《行为经济学讲义》，上海人民出版社，2011 年。

上面介绍的饶敦博 1988 年的专著和 2007 年的两篇回顾文章，足以说明他长期以来的核心思路是"社会脑的演化"（机制、功能、个体发生学与群体发生学）。我为图 P-5 写的注释结论是，新脑皮质（前额叶在最近 50 万年甚至最近 5 万年里扩张形成的部分）必须适应三方面的约束：第一，外在威胁；第二，群体规模；第三，脑容量允许的新脑皮质扩张幅度。我在介绍关于非洲大象的行为学研究报告时，借用詹姆斯·布坎南（James M. Buchanan）关于"集体决策"的成本分析画过一张草图（参阅图 P-7）来演示由生命个体组成的任何群体的"最优规模"。

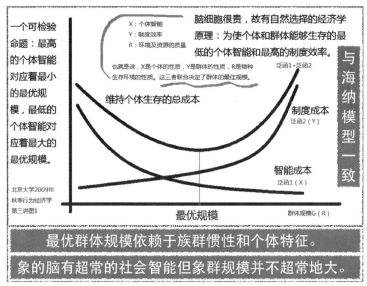

一个可检验命题：最高的个体智能对应着最小的最优规模，最低的个体智能对应着最大的最优规模。

北京大学2009年秋季行为经济学第三讲图1

X：个体智能
Y：制度效率
R：环境及资源的质量

也就是说，X是个体的性质，Y是群体的性质，R是物种生存环境的性质。这三者联合决定了群体的最佳规模。

维持个体生存的总成本

脑细胞很贵，故有自然选择的经济学原理：为使个体和群体能够生存的最低的个体智能和最高的制度效率。

与海纳模型一致

泛函1＋泛函2

制度成本
泛函2（Y）

智能成本
泛函1（X）

最优规模

群体规模G（R）

最优群体规模依赖于族群惯性和个体特征。

象的脑有超常的社会智能但象群规模并不超常地大。

图 P-7　群体"最优规模"草图演示

注：群体规模增加导致制度成本上升，这完全借助于布坎南关于集体决策的成本分析。需要注意的是，布坎南的分析只是关于"民主"制度的，而我在这里所做的推广适用于群体可能演化获得的任何制度。例如，在"利维坦"与"无政府"这两种极端制度之间，大多数人宁愿接受"利维坦"（诸如"独裁"或"威权"统治）也不愿接受无政府，假如民主政治继续缺失或成熟缓慢，这当然就意味着在相当长的一段时间里，为了维护群体规模，规模庞大的群体仍然会接受威权统治。总之，一方面，经过这样一些扩展、讨论以及相应的假设，不难画出一条随群体规模而向右上方倾斜的曲线，我称为"制度成本"曲线。另一方面，更大的群体规模可以用更短的时间积累更多使群体成员顺利应对环境不确定性的知识存量，因此降低了对个体智力的需求，于是不难在若干假设下画出一条随群体规模而向右下方倾斜的曲线，我称为"智能成本"曲线。维持个体生存的总成本曲线，是"制度成本"与"智能成本"这两条曲线的纵向叠加，总成本曲线的最低位置在横轴上的投影，就是维持个体生存所需的群体"最优规模"。后来，2018年，我见到饶敦博发表的一篇论文，有与我和布坎南"权衡曲线"类似的主题。这篇论文为《最优化人类社群规模》（Optimizing Human Community Sizes），详见《演化与人类行为》，2018年，第39卷，第106–111页。

资料来源：汪丁丁：《行为经济学讲义》，上海人民出版社，2011年。

　　我这篇序言显得过于冗长，因为我必须调用我保存的 39 篇饶敦博的作品来说服读者相信，贯穿饶敦博全部主要作品的是"社会脑"假说。基于这一假说，未来 10 年，不难预期，饶敦博的研究，如他自己所称，将为我们带来新的社会学——演化社会学，这一思路十分明确地呈现于《大局观从何而来》（*Thinking Big*）中。这是他的第三次"轮回"，注意，他在牛津大学已逗留了 7 年，于是需要为他物色下一个"系科"。

想了解更多罗宾·邓巴的思想吗？
扫码获取"湛庐阅读"App，
搜索"人类的算法"，
获取更多人类进化的有趣知识。

是什么让人类如此与众不同

　　一股气流袭来，油脂灯的火焰闪烁了一下。本来全神贯注的他像是突然回过神来，后退几步站在那里，打量着自己的作品。片刻之后，他举起一盏石碗做成的灯，放置在岩壁上，周围又亮堂了一些。在深邃、永恒的空间中，成群的野牛、鹿、马层层叠叠地排列下去，似乎没有尽头。这个岩洞是他的工作室，在忽明忽暗的灯光下，周围石壁上的动物图案也变得鲜活起来。墙上的一头野牛本来正在默默地反刍，却猛然扭过头，朝自己的臀部方向望去，仿佛要找出是哪个不速之客惊扰了自己的沉思。

　　他重新开始了创作，眉头紧锁，屏气凝神，用手中的炭条小心翼翼地勾画起另一只动物。他才思如泉涌，创作的激情驱散了岩洞里的阴冷。命中注定，他要将所见所思刻画下来，让万物跃然于石壁之上。在这里，各式生灵在林中雀跃、嬉闹、觅食，阳光在众生身上洒下斑斑点点。他竭尽全力，生怕脑海中的影像转瞬即逝。

多年来，他一直在磨砺自己的技艺。每年大地回春、万物勃发的时候，他都会回到这个岩洞，有时独自一人，有时结伴而来，但目的都是在这里继续自己的幻想之旅：把自己在旅途中经历的一切永久地绘制下来，将眼睛看到的描绘下来，把拼命逃过黑暗之地时的危险和痛苦表现出来。在开始这场幻想之旅前，他永远也预料不到终点在何处。

这一刻何时来临，就跟他逐猎的野鹿一样难以捉摸；但这个时刻一旦来临，他就能牢牢抓住。尽管这段旅途他走过多次，但每一次的经历都与众不同。唯一相同的是，旅途终点那重回家园的熟悉感；在经历了一段艰辛的跋涉后，虽然筋疲力尽，却又神清气爽的愉悦感；以及大难不死、有惊无险的敬畏感。

现在，每次旅程结束之后，他都会回到岩洞记录所见所闻。野牛的形象逐渐成形：硕大的牛头扭转过来，用一只眼睛慵懒地盯着他。这只眼睛仿佛就是野牛的心灵窗口。此刻，它立在墙上，目光呆滞地盯着他。一瞬间，他又重温了那种惊喜、恐惧，以及挥之不去的忐忑：下一步，这头巨兽会变成什么样呢？有时，他会摸入岩洞的暗处又迅速返回，或者偶然碰上一些连他自己都忘记了的画作，那种熟悉的压迫感也会袭来，转瞬即逝却又确切无比。

不知不觉中，几个小时过去了，他始终沉浸在创作当中。最后，手臂实在支撑不住了，再加上越来越强烈的饥饿感，迫使他放下绘画材料，沿着蜿蜒的通道回到岩洞口。从洞口钻出来后，他一头扎进了傍晚时分刺眼的阳光中。洞口隐蔽在一大堆石块和山毛榉树的后面，从外面看，根本无法想象其背后的岩洞有多大，更不用说那长长的、只能匍匐通过的隧道，以及沿着隧道突然出现的圆顶洞穴，还有那些从一旁开出的侧洞。

他瞥了一眼西边的地平线，意识到太阳很快就要落山了。他吹灭了油脂灯，把它藏在洞口旁边石壁上的一个石龛里。再次回味了一遍自己今天的创作成果后，他才心满意足地拨开枝叶，朝着几公里外位于河谷底部的宿营地走去。

谁创造了美轮美奂的史前壁画

1879 年，唐·马塞利诺·桑兹·德索图奥拉（Don Marcelino Sanz de Sautuola）正在一个岩洞里搜寻地上的史前文物。他的小女儿玛丽亚站在旁边，无所事事地抬头望着洞穴顶。父亲在手边放了一盏油灯。透过微弱的光线，眼前若隐若现的景象使小姑娘目瞪口呆：数不清的野牛和野马仿佛正居高临下地从岩石中奔腾而出。小姑娘情不自禁地抓紧了父亲的大衣后摆。唐·马塞利诺觉得女儿干扰了自己，回过头来刚要呵斥，女儿的神情却让他马上意识到了什么——她的眼睛死死盯住头顶上的某样事物，嘴巴一张一合却一句话也说不出来。一定有什么蹊跷！唐·马塞利诺慢慢向上望去，眼前一片昏暗。他伸手拿起油灯举过头顶，好看得更清楚些……随之唐·马塞利诺倒吸了一口气：就在岩洞顶上，野牛、鹿和野马成群结队，要么伸腿蹬脚，要么低头反刍，熙熙攘攘地聚成一团。那情形把他们一下子拉回了1.8万年前动物被绘制出来时的场景。

这个发现让唐·马塞利诺喜出望外，他产生了一种"有志者事竟成"的感觉。自从人们在法国南部的史前洞穴中发现了雕像和象牙牌后，唐·马塞利诺就激动不已、跃跃欲试，花了好几年时间在西班牙北部的岩洞里左翻右找，幻想着能挖掘出一座私人宝库来，可惜一直徒劳无功。而现在，他在西班牙北部的阿尔塔米拉洞穴（Altamira）中发现了这些举世轰动的史前绘画，可谓"无心插柳柳成荫"。各界名流富豪、专家学者纷纷来到这个岩洞，唐·马塞利诺从此声名鹊起，在接下来的几年里，众多大型科学会议都把他奉为座上宾。

不过，唐·马塞利诺注定是个失意之人。热闹了一阵子后，当时的考古界宣布：这些绘画作品太"新"了，史前人类根本不可能具备如此高超的绘画技巧。确切地说，这些绘画一定是在最近几年内被人画上去的，说不定就是唐·马塞利诺自己画的。尽管从未有人给唐·马塞利诺正式扣上"伪造者"的帽子，但这种怀疑的气氛就像阿尔塔米拉洞穴里的恶臭之气一样弥散开来。唐·马塞利诺灰溜溜地回到了老家，只过了9年，就在郁郁寡欢、满腹牢骚之中走完了人生旅程。直到1902年，人们终于给这批绘画正了名。随着探索的逐渐深入，人们才发现阿尔塔米拉洞穴仿佛一座艺术宝库，里面各种完成、半完成的作品比比皆是，一直连绵到200米深的山中腹地。令人唏嘘的是，这时唐·马塞利诺已经躺在坟墓里近20年了。当年和他一起探险的女儿已长大成人，童年的经历给她带来的显然是震撼和创伤，她也早已远离洞穴及围绕着洞穴所发生的一切。

时至今日，有关这些非凡的洞穴壁画出自何人之手、缘何而来，仍然是一个旷世之谜。

开启探索与自我发现之旅

阿尔塔米拉洞穴并非举世无双：在欧洲，已知的此类史前岩洞艺术遗址大约有150处，从远东俄罗斯的乌拉尔山脉到英国都有发现。但是，遗址分布最为密集的还是法国南部和西班牙半岛一带。冥冥之中的灵性激发了那些在距今2.5万年到1.2万年前之间在那里繁衍生息的人类，与散落在这片土地上的洞穴一起，创造、抵达了史前岩洞艺术的顶峰，其艺术造诣可称得上神乎其技。面对着这些来自遥远古代、出自无名氏的壁画，其深邃、神秘、精妙绝伦让身处岩洞之人无一不深受感动、不可自拔，即便是成年男子也会经受不住如此的震撼，而潸然泪下。

在某个史前美术馆的一个角落里，有一个以一位孩童的手为模子做成的手印，采用嘴吹制颜料的方式拓印而成。想象一下，如果看护岩洞的人同意，你可以把自己的手顺着手印贴上去。刹那间，你将跨越时空，与那个孩子心神相通。那种微妙的感觉，就仿佛恋人间第一次牵手。没有人能够抗拒这种艺术的魅力。他是谁？抑或她是谁？他或她曾以何名存于世上？这孩子是否长大了，是否有自己的后代，是否安然跨入晚年？是否会在白发苍苍、垂垂老矣之时，回想起这个日子——在一束昏暗的灯光引领下，他穿过蜿蜒的隧道，来到一个偏僻的石穴，将手掌按在冰冷的石壁上[①]，而这一切，都是为了让某人能够画下自己的手？或者，这只是一个夭折的孩子，被疾病、意外或是一只捕猎的动物夺去了生命，而在悲痛欲绝的哀号之后，他的母亲发现，这只是自己命运多舛的人生中的一个小插曲？

① 自不必说，在洞穴里严禁触摸壁画。即便是轻轻一碰，也会给脆弱的画作带来灭顶之灾。实际上，哪怕只是游客们的呼吸也会将细菌引入，日积月累，这些细菌会把岩画吞噬得一干二净。所以，现在很多此类岩洞都已经关闭，游客们参观的都是附近的复制洞穴和壁画。

我们已经意识到，正是这些原始社会的画家开启了丰富多彩、古今共鸣的生活。洞穴艺术的出现是人类行为进化史上最后一次大爆发式的飞跃，考古学家将这种现象称为"旧石器时代晚期革命"（Upper Palaeolithic Revolution）。这场革命起源于大约 5 万年前，各种复杂烦琐的石制、骨制及木制工具横空出世，包括针、锥子、鱼钩、箭以及矛头。而到了大约 3 万年前，一大批不具备日常实用价值，似乎是纯装饰性的艺术品出现了，这是一次名副其实的大爆发，胸针、纽扣、布娃娃、玩具动物等如雨后春笋般纷纷面世。其中最为引人注目的，也许是雕像这种艺术形式，最著名的例子当属在中南欧出土的"史前维纳斯"（Venus figures）。

作为旧石器时代晚期的美学典范，这些丰乳肥臀、发辫优美的女性雕塑由象牙、石头或陶土雕刻而成，与今日的"米其林小人"（Michelin-tyre）有些形似。接下来，有各种证据表明，大约在 2 万年前，人们开始为死去的同伴举行丧葬活动，而音乐和幻想存在的迹象也出现了。最后，遍布于南欧大陆内外，以阿尔塔米拉、拉斯考克斯（Lascaux）、肖维（Chavette）等岩洞为代表，在大大小小、各式各样的石窟、居所和洞穴里，岩壁上的画作喷薄而出，算是为"旧石器时代晚期革命"添上了点睛之笔。在人类进化史上，类似的现象绝无仅有。而人类的文明，包括人类一切的现代行为，从文学、宗教到科学，就此奠定了基础。

　　这些震古烁今的艺术技艺仿佛一场穿越时空的心灵对话。天地有大美，而人类对美好的定义和发现美好的能力并不受限于时代。似乎，在历史上有那么一个时刻，人类的本质被封装、定格了下来：我们是谁？是什么造就了如今立于天地之间的我们？冥冥之中，有一种看不见、摸不着，却又坚定无比的力量，推动着人类文明之花循序渐进地硕然绽放，使得人类从古往今来的众多物种中脱颖而出。

　　但那个问题仍悬而未决：人类这个"出产"画家和诗人的物种到底是谁，又是怎么来的？那些生活在南欧的无名画家是怎样开始他们的创作的？他们从何而来？为什么只有他们与众不同？同时，也许最神秘且有趣的问题是：他们为什么要画画？

　　本书如同一次漫长的历险，一次始于远古、穿越迷雾的旅程。本书所探索的，其实是一个最基本的问题：人类是谁？人类与众生共存于这个星球上，是什么让人类如此与众不同？假设所有的生命都有相同的起点，那么人类又是怎样分化出自己的特质的？又是在什么时候这些特质使人类成了万物之灵？为什么这些特质如此眷顾人类，而不是垂青其他物种？

　　本书也是一场自我发现之旅。若想理解何为人类，就必须理解我们的心智。心智就如同一道鸿沟，将人类与其他物种分隔开来。因为有心智的存在，人类才能够自我反省，并探究自己与外部世界的关系。其实，人类的生理特征和绝大部分行为并无奇特之处，和其他灵长类动物之间也没有太大的区别。人类的心智和想象力才是那道分界线。这点听起来似乎显而易见，但实际上，直到最近人类才能够准确地描述出心智的特征，以及人之所以为"人"的原因。我们的近亲——猴子和猿类的所作所为与人类何其相似，它们同样具有创造力和智慧，也具有高度社会化的生活方式，甚至它们作为一个种群在进化中也同样非常成功。但是，猴子和猿类仍然被那道可以认知自我、不可名状的精神活动的门槛给挡住了。

探索心智的世界需要借助多门学科，而每一门都只能给出一部分答案。在过去大约 10 年的时间里，从遗传学、行为学到心理学，许多学科都取得了惊人的进步。将这些成就归纳起来，我们就会发现，每门学科都以不同的方式深化了人类对"我们是谁"这个问题的理解，人类对"自我"的认知已经被冲击得七零八落。同样，对与人类风雨同舟的其他物种的认知也是百废待兴。只有将各项研究成果融汇在一起，兼收并蓄，才能够拼凑出人之所以为"人"的一些真相。

人类已经走过了漫漫长路。从某种意义上说，人类的进化始于大约 6 500 万年前，当时，恐龙还是这个星球上无可争议的霸主，它们正在欧洲和北美洲的热带森林中横行霸道。而我们的远祖还没有进化到灵长类，而是与今天的松鼠相仿，穿行于树林和灌木丛间。后来，在恐龙进入死亡殿堂之后，这些原始的、类松鼠的哺乳动物开始了多样化的进化历程，并进化成了一个成功的种群，成为我们熟知的猴子和猿类的祖先。

又过了很久，距今 700 万～ 600 万年前，在人类先祖的种群之中，有一些后代开始进化出新的特征，并慢慢地与其他的非洲猿类——黑猩猩（chimpanzee）和大猩猩（gorilla）分道扬镳了。起初，这些进化涉及的特征大多与两足行走相关，看起来相当无趣。但最终，这一支进化谱系里出现了一些破天荒的大事件，如大脑容量迅速增大、工具的使用、语言和文化的产生等。岩画艺术家也正是在这一支谱系里诞生了。随后，现代意义上的人类终于姗姗来迟。于是，从 600 万年前起，人类与非洲猿类的共同祖先给我们画出了一条进化之路，而这条路实际上充满了不确定性，各种机缘、灾难充斥其中，结局难料。从猿到人并非命中注定，更无神力相助，有的，只是进化永恒的混沌。

那么，让我们想象一下：身处 350 万年前的东非大草原上，周围林木丛生，一切都是那么陌生。现在是午后时分，太阳正逐渐向地平线滑落。远处，一群踯躅前行的人类的剪影正透过波光粼粼的热霾显现出来。

THE HUMAN STORY

A NEW HISTORY OF MANKIND'S EVOLUTION

01

直立的思想家，
双足与大脑的完美组合

在枝繁叶茂的生命之树上，
人类不过是一个小小的分支。

人类未必处于进化之巅，所有现存的物种都有资格傲然于世，至少它们都很好地适应了当下的自然环境。

进化在一点一滴地累积，直到最后功德圆满，人类出现，并不存在一个"一网打尽"的"超级突变"。历史上也不存在一个明确的时间点，能让我们指着这个点说："看，我们是在这里变成人了！"所谓人性，更多的是若干种特定的性状组合在一起产生的概念。

非洲大草原上闷热无比，不知从何而来的风扬起了一阵小型尘暴，眨眼间又消失得无影无踪，仿佛在小心翼翼地逃避着什么。远处，一座火山正断断续续地发出"轰隆隆"的声响。这座俯视着草原的火山位于坦桑尼亚北部，如今被称作萨迪曼山（Mount Sadiman）。一行十几人正稳步穿过草原，朝火山脚下的一片树林走去。如果他们更警觉些的话，也许就不会这么笃定地待在野外了。而那天早晨一切照旧，再加上他们早就对这座火山时不时地闹点儿动静习以为常了，所以没有人察觉出什么异样，大家只是继续信步向前。

　　猛然间，一股巨大的热浪从地壳深处涌到了火山口，以万马奔腾之势冲出地表，向空中喷发出灼热的火山灰、烟雾和岩浆。火山灰直冲云霄，几秒钟内就上升了上千米，很快，方圆几公里内就都被黑色的尘埃笼罩。这一伙人终于停了下来，齐刷刷地转头望向火山。

　　伴随着"轰隆"声，整个下午，火山灰都像瀑布一样不断飘落。

每一次爆炸从地底深处开始轰天震地，每一次火龙在火山口上喷薄而出，每一次火舌顺着山坡奔腾而下，都在大草原上引起了阵阵恐慌与骚乱。当天夜晚，这伙人蜷缩在河床边的树丛中，但几乎没人睡得着，火山所发出的阵阵轰鸣犹如噩梦一般。就算有人偶尔打会儿盹，也会很快被小孩子们的哭闹声惊醒。

好容易挨到了黎明时分。这一行人盯着飘忽不定的雾气，踌躇不前。他们预想的路线直通山坡上的一片无花果树，现在本是瓜熟蒂落的大好时节。可是如今，喜怒无常的火山彻底摧毁了他们的希望。太阳冉冉升起，大地回暖，人们一个个地从夜间露宿的地方爬到地上。有人开始从周围低矮的灌木丛中采摘一种绿色的小果子。而剩下的人似乎还没有从噩梦中醒过来，只是蹲在地上，一动不动地凝视着火山。偶尔，有人会从地面上捏起一撮火山灰，小心翼翼地闻一闻、尝一尝。没人愿意出来做决定。此时，周围的灰尘越积越多，空气愈发厚重，让人窒息，好容易喘上一口气，一股辛辣的味道又灼烧着口鼻和咽喉。到了当断则断的时候了，可是路在何方？

终于，这伙人中的两位长者站起来打破沉寂，朝着远离火山的方向离开了。其他人也起身跟上，如履薄冰般地踏上火山灰覆盖的地面，一路逃离火山。人群逐渐散了开来，有几拨人由于带着孩童，落在了后面。到了晌午时，有两大一小三个人已经远远地掉队了。他们三个倒也不着急，两个大人不慌不忙、结伴而行，小孩子则跟同年龄的少年一样，前后左右地来回穿梭。他们已经不大理会背后还在轰鸣不断的火山了。天上下起的小雨打湿了地面，他们的脚步不再扬起一股股的火山灰，而是在身后留下了一串串脚印。

突然，火山那里开始山崩地裂，爆炸声接二连三，熔岩夹杂着蒸汽和火山灰喷涌而出。三个人都被这突然的响动吓坏了，其中一人赶紧回头看发生了什么。一群马（现已灭绝）看样子也被惊动了，正在他们身后狂奔。更要命的是，一团巨大的气流正以摧枯拉朽之势从山坡上直冲下来，所到之处，生命荡然无存。三个人心中大骇，作势欲跑。但一切都晚了，狂怒的火山喷发主宰了世界，灼热的气体和灰烬吞没了他们。随后的阵雨将他们的脚印化成了火山岩做成的印记。火山仍在肆虐，日复一日地从空中撒下火山灰。就这样，他们的躯体和脚印被越来越厚的灰尘掩埋了起来。

大约 400 万年过去了，1978 年 8 月的一个早晨，英国著名人类学家、考古学家玛丽·利基（Mary Leakey）正在如今位于坦桑尼亚北部一个叫莱托里（Laetoli）的地方勘探化石。在仔细将化石表层刮去后，她偶然发现了一些足迹。接着，受越来越重的好奇心驱使，利基和助手将一层层的凝灰岩剥离，直到发现脚印消失在挖掘现场的边缘。最终，一段约 50 米长的足迹在他们的努力下重见天日。

当我们为那些脚印啧啧称奇时，也禁不住想要了解：到底是何方生灵，在许久以前那令人窒息的尘嚣里，顽强地留下了印迹。我们知道的是：这些生物和人类的祖先栖息于同一棵进化之树上。但除此之外，我们一无所知：他们到底属于哪一分支，是否和人类的祖先一样来自猿类，还是只属于一个早在人猿分化之前就已经灭绝了的物种？

人猿何时分道扬镳

人类是天生的分类学家。纵观历史，我们的祖先在各地的树林里狩猎、采摘时，都会很自然地把植物、动物分门别类地归纳在一起。所谓自然分类法，划分基础就是生理上的相似性，自古以来概莫如此。长得像的就属于同一类，这仿佛是从日常经验得来的天经地义的道理：不管是人类、动物还是植物，孩子们总长得像父母！考虑到这一点，人类总认为自己与众不同也就不足为奇了。事实上，我们与猿类、猴子有着诸多相似之处，称它们为人类的动物亲戚一点儿也不过分。当然，这个亲戚关系稍微有点远，毕竟，人和猿类之间的差异还是很显著的。人类的确是天之骄子，有幸拥有智慧和技术。我们创造了城市，形成了民族，修筑了寺庙，建起了大坝；我们还能乘着独木舟和各式轮船周游世界，甚至还发明了前所未有的毁灭性武器；我们能说会写，知晓礼义廉耻，能够坚守文化传承，上天与神明似乎只与我们同在；我们可以挺胸抬头，骄傲地直立行走，猿猴却只能四足着地，与兽类为伍；我们早已摆脱了充满野性的遍体长毛，还发展出了协调一致、高度精准的投掷能力，不管是长矛还是石头，我们运用起来都得心应手。

当然，在犹太教和基督教的传统信仰中（即便不是在所有的宗教中），人类和其他生物虽同为上帝所造，却生而不同。在 18 世纪和 19 世纪初的生物学理论中，进化链条井然有序。那时候的生物学家都在以一种线性的眼光看待进化现象，在他们看来，物种越复杂，历史就越久，通过比较不同物种的复杂程度就可以得知其相对年龄。人类是迄今为止最复杂的动物，其起点（大概是像病毒一样的某种东西吧）和终点之间的跨度最大，因而，人类的历史也一定是最长的。

1859 年，生物学家查尔斯·达尔文发表了划时代的著作《物种起源》，情况由此出现了戏剧性的变化。达尔文的观点与他的前辈截然不同，达尔文认为进化不是线性和渐进的，而是更像一棵分叉的树。而且，达尔文表示，一个物种中之所以会出现新的性状（终点是新物种的出现），完全是自然选择的结果。不管什么物种，都会随着环境的变化做出各种反应。凡是形态和行为不能适应新环境的物种都会就此灭绝，在进化树上销声匿迹。

　　这种新的观点暗示了一个令人震惊的推论：人类未必处于进化之巅，所有现存的物种都有资格傲然于世，至少它们都很好地适应了当下的自然环境。即便是那些已经灭绝的生命形式，在进化上也有可取之处。例如，到目前为止，恐龙就是一个非常成功的群体：它们在地球上存在的时间要比人类已知的历史长得多。

　　在达尔文所处的维多利亚时代，最让大众感到不安的是：在枝繁叶茂的生命之树上，人类不过是一个小小的分支。其他灵长类动物似乎和我们有着同样的血统，其中，猿类又和我们最为相似。长久以来，人类都十分笃信自己与众不同，达尔文的观点却暗示这不过是一厢情愿而已。实际上，人类只是另外一种猿类罢了，我们与其他相近的物种密不可分，而且从来都是这样。

　　尽管有这些新观点的冲击，19 世纪的动物分类学者们还是继续将人类摆在一个显赫的位置上（见图 1-1）：人类被众猿簇拥着，在进化树上占据着灵长目的一个独立分支。直到 20 世纪 80 年代，这个观点仍大行其道。细细想来，与达尔文的自然选择理论结合在一起看，传统分类学的关键在于其暗示了一点：人猿虽然同宗，但那已经是很久之前的事情了。人类与猿类近亲相比，除了大脑明显较大以外，还有一个关键的差异让分类学家们无法忽视——人类可以直立行走，骨骼架构也与此相匹配，腿部又长又发达，双臂又短又软弱；而四种大型类人猿，无论是黑猩猩、倭黑猩猩（bonobo），还是大猩猩、猩猩（orang-utan），都是四足行走，前肢强壮、后肢弱小，特别适应在树间攀爬。随后，20 世纪出土的原始人类标本也愈发证实了这一点。所有的标本都毫无例外地呈现出直立行走、腿长臂短、腿粗肩瘦的特点。从这些化石证据似乎可以得出结论：人类的进化史一定非常悠久。

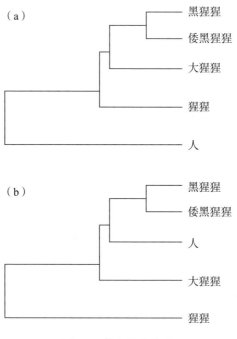

图 1-1　人与猿的关系

（a）20 世纪 80 年代前的主流观点：人类这一支和类人猿（共四支）
远远分开，人猿大分化发生在 1 500 万年前。

（b）20 世纪 80 年代起被广泛认同的新观点：人类与黑猩猩的血缘关

系更近。黑猩猩、人、大猩猩三者是从距今 700 万～500 万年前的非洲
类人猿分化而来的。而再向前追溯到 1 500 万年前，才是猩猩与这三者的
祖先分化的节点。

这样一来，我们就能得到一个毋庸置疑的结论：人类和大型类人
猿的共同祖先最后生活的时代，一定早于猩猩和其他非洲大型类人猿
分化的时间。这些非洲大型类人猿包括大猩猩、黑猩猩和倭黑猩猩。
对在亚洲出土的化石的研究发现，猩猩的祖先大约生活在 1 500 万年前，
那么从地质史学的角度来看，人类和大型类人猿的共同祖先一定是在
此之前生存于世的。

从图 1-1 中可以看到，距今 2 000 万～1 500 万年前，一个猿类家
族分裂成了两个截然不同的族系：一支最终进化成了我们今日所见的
大型类人猿，另一支则义无反顾地朝着人类的方向一路高歌猛进。具
备人类特征的祖先最早出现在大约 400 万年前，而在大分化发生的
1 500 万年前到这个时间点之间，目前尚无任何化石发现，这多少是个
遗憾。不过同时期猿类的化石也很罕见。促使骨骼形成化石的地质过
程本来就具有相当的偶然性，而且这些古猿最有可能生活的森林环境
非常不利于化石的保存。

尽管我们所做的假设看上去不是很严谨，但也绝不是无中生有。
现存的这三种非洲大型类人猿，我们连一件其近期祖先的化石都找不

到。其实非洲古猿化石的数量、种类都很多，但都集中在距今 2 000 万～
1 000 万年前之间，从那以后就在亚洲以外的区域内突然变得罕见起来。
亚洲是猩猩的祖先及其近亲的发源地，亚洲巨猿（Gigantopithecus）体重
约有 200 千克，曾经是地球上最大的灵长类动物。今日的非洲大型类
人猿，包括黑猩猩和大猩猩，仿佛不知道从哪儿冒出来的一样，其在
距今 1 000 万～ 500 万年前的化石记录荡然无存。

基因测量工具的使用

一直到 20 世纪 60 年代末，两名加利福尼亚州的遗传学家——文
斯·萨里奇（Vince Sarich）和艾伦·威尔逊（Alan Wilson）才"冒天下
之大不韪"，跳出来宣称人类与猿类的共同起源在时间上可能要近得多，
而且大概也就是 300 万年前。这一看似离谱的说法其实是有坚实基础
的，其依据就来自人类和非洲大型类人猿在遗传密码上的相似之处。
20 世纪 50 年代以来，基因学的发展使得我们具备了破译遗传密码的能
力，DNA 这种蜷曲盘旋、生生不息又无所不在的化学链，已经被广泛
地接受为解释遗传现象的生化标记物。

那么研究人员又是怎样得出这个推论的呢？我们已经知道，遗传
密码的结构可能会随着时间的推移而改变。这主要是因为 DNA 作为组
成遗传密码的分子，其复制过程并不完美，也就是存在常说的基因突

变。在很多（不是全部）情况下，基因突变对机体功能没有什么影响，但假以时日，这种个体上的细微差异会通过世代不断积累下来，组成所谓的"遗传包袱"（genetic baggage）。由于这种隐性突变发生的概率是大致恒定的，所以通过比较任意两个个体在基因上差异的数量，就可以粗略估计出两者的最后一个共同祖先出现的时间点。当然，如果涉及机体某一部分功能的 DNA 编码发生了一点点变化，情况就不同了：这部分特定的基因要么成功地传宗接代，要么无缘传承下去。由此，自然选择就会发挥威力，历史的进程会因此而变，这就是伟大的达尔文进化论。简而言之，如果与自然选择有关，基因变化的频率会非常快，几代之内就会出现明显的变化。而如果基因突变是中性的，自然选择懒得施加压力，那么这种基因的变化就会以一种非常缓慢的、渐变的形式存在下去。

正是这种复制误差的缓慢累积，使得萨里奇和威尔逊想到，或许他们可以将其看作一座分子钟①，并以此来重构血缘相近的现存物种

① 人类基因组中包含数十亿对基因，其中只有大约3万对参与了人体及其性状的表达。其他在生物学中被称为"垃圾 DNA"，不过是一堆结构化的元素和病毒的混合体，在自生命之初开始的漫漫进化之路中，人类被漫不经心地塞进了 DNA 里面。这堆"垃圾 DNA"一直静静地待在分子老窝里，随着宿主的繁殖毫不费力地复制了一代又一代。既然对人体没什么影响，自然选择也不会来找它们的麻烦，它们所经历的只是突变这一内部过程。所谓分子钟，就是利用这样的基因片段来构造的。

之间的分化时间表。然而，业界对这种分子钟所显示出来的人猿分化时间点极为不安，原因很简单：300万年前太近了。几十年来，各路研究人员一直坚信，人猿分化是在距今2 000万～1 500万年前发生的，原因也很简单，化石就是确凿的证据！300万年前？太荒唐了！新的基因技术？有问题吧！显然，分子钟所告诉我们的结果与化石记录差了十万八千里，人们很容易提出质疑、发出嘲讽。分子钟？要么是钟坏了，要么是表没对准！

这场论战中最终还是自然规律占了上风，真理的天平偏向了遗传学家。萨里奇和威尔逊最初的推断被证实了：分子钟的确有用，而且可以用来有效地判断两个物种之间分化的时间点。现代人类和类人猿之间的血缘关系比任何人想象的都要亲近得多。尽管后来有人发现，黑猩猩和人类的最后一个共同祖先存在的时代要比300万年前更远一些，但这仍然反映了一个比化石记录要近得多的时间点。关于这个时间点，目前最好的估计是距今700万～500万年前。对染色体分析得越深入，结果就越收敛于这个关键的时间段。当然，从地质学的角度来看，500万年也好，700万年也罢，都只是一眨眼的工夫，毕竟，灵长类动物的历史已经有6 500万年了。

真正令人吃惊的是，人类与黑猩猩的血缘关系更密切（与之共享一个更近的共同祖先），而不是与大猩猩或者猩猩的关系更近。这个发现完全颠覆了我们对灵长类动物分类和人类起源的认知。原来，人类的进化并没有那么长路漫漫、特立独行，而只是猿类大家族进化分支中的一小部分。不仅如此，分子证据确凿无疑地表明，在黑猩猩自立门户之后，人类还在非洲大型类人猿的大家庭里舒舒服服地待了很久。而猩猩早在大约 1 500 万年前就脱离了它的非洲大型类人猿祖先，跑到亚洲大陆上掀起了一场长期独立的进化运动。

这一切除了让我们感到不安，还意味着我们必须打起精神来，对猿类动物进行一次彻底的重新分类，还要再次梳理一下人类与各个亲戚之间的关系。事实上，人类和黑猩猩之间的关系太近了，正如人们常说的，人类与黑猩猩分享了 98.5% 的 DNA，有人甚至打趣说，人类只是发疯的黑猩猩罢了。而从分类学的角度讲，黑猩猩其实不是我们的表兄弟，而是我们的亲姐妹。

进化的难题和补丁

如果人类只是高度进化的黑猩猩，与现存的黑猩猩们有着共同的祖先，那么，我们应该将南方古猿（Australopithecus）摆在什么位置上呢？ 20 世纪，在东非和非洲南部的很多地方，人们陆陆续续发现了南方古猿化石，从而一举奠定了南方古猿为已知最古老的人类祖先的地位。这一物种从大约 400 万年前开始在非洲大草原上梭巡①，一直到约 120 万年前才灭绝。

传统上，人们总是把南方古猿当成与当时在非洲森林里上蹿下跳的猿类截然不同的物种。原因很简单，南方古猿也习惯于直立行走，或者说，它们和现代人类一样。当然，也不是完全相同，比如它们的臀部并不太适应现代人类惯常的大步行走（一直到约 200 万年前人属中的直立人第一次出现时，这一特征才表现出来），所以南方古猿走起路来的姿态更可能是摇摇晃晃的，而不是脚踏实地、挺胸抬头。不过，这也使得南方古猿在森林里生活得如鱼得水，它们爬树的本领可比现代人类强多了。也许，南方古猿唯一不擅长的事情就是像现代大型类人猿那样四足爬行。

当玛丽·利基在 1978 年发现了埋在莱托里地下的那条行迹时，似乎一切都已经非常清楚了。这个封存在时空中的铁证表明，近 400 万年前，有一个双足直立的物种曾经在此通行。与这三个人的足迹纵横交错在一起的，还有一

① 在西非乍得湖（Lake Chad）和肯尼亚的图根山（Tugen Hills）出土了一批化石，有可能是南方古猿家族的早期成员，距今约有600万年的历史。

匹古马的脚印，两者都在火山爆发时夺目的火光中凝结了下来。一只四足爬行的猿或许会因为滚烫的火山灰而短暂地举起前肢，但这样一来，它的脚印必定会歪歪斜斜、飘忽不定。所以，我们可以断定，莱托里的脚印就是直立行走留下的，持续、稳定、冷静，而且就是最早的双足原始人留下的。仔细观察可以发现，三个人当中的一个正半转着身子，或许是在查看爆炸的巨响从何而来，或许是察觉到了由于受惊而雷鸣般涌过来的兽群。其中一个成年人小心翼翼地跟着另一个人的步伐，我们能看到一大一小两套脚印，而小的那套自然是孩子的。有的时候，大的那套脚印中又能够明显地看出两个不同脚印交叠在一起的样子。热衷于咋咋呼呼的媒体将这三个人解读为"远古家庭"（妈妈、爸爸和孩子），而实际上，几乎可以肯定，他们只是附近一个更大的族群的一部分而已。

这串远古脚印的关键之处在于让我们看到了清晰的现代人特征：大脚趾位于脚尖处，并和其他脚趾紧靠在一起。而猿类的脚和手相似，大脚趾更像是大拇指，靠近脚跟。现代人的足部细长，五趾并拢的构造就像一个螺旋弹簧，在向前行走时可以提供额外的推力，这就使得直立行走的效率大为提升。自此我们可以推断出，人类具备直立行走姿态的时间要比其他现代人类特征（例如脑容量的急剧增加、开始使用工具等）出现的时间早好几百万年。这个结论多少有些令人意外，因为在关于人类起源的传统理论里，诸如较大的大脑、直立行走、掌握狩猎和其他技能等特征，都是"打包"在同一个相互适应的复合体之内的。比如说，直立行走是为了解放双手，使得我们可以更有效地投掷长矛和石块。人类又为什么会这么做呢？是因为脑容量足够大，使得人类领悟到了狩猎的诀窍。但实际上，这些性状并非一起涌现出来的，而是在几百万年的时间里零敲碎打、陆陆续续发展出来的。

　　所有这些性状中，最早出现的是两足直立特征。除了莱托里的脚印这一证据外，其后几十万年间，在南方古猿的化石上显示出来的骨盆和腿骨的性状也证实了这一点。猿类和猴子一样，骨盆细长，恰好为后肢在攀缘树木和四足奔跑时提供了安全有效的支撑，同时也能为内脏提供缓冲和保护。相反，现代人类以及所有可以追溯到南方古猿的人类祖先，其骨盆都是碗状的，这对平衡四肢而言，是一个稳定的平台；对防止内脏"四溢"而言，又是一个桶形的承托。你可以想象一个大腹便便、肚子快要下垂到膝盖的人。总之，猴子和猿类的细长骨盆根本支撑不了现代人类四肢的重量，骨盆尾部的突出物对上身直立也是个累赘。现代人类的骨盆髋关节更宽，同时不会妨碍大腿的摆动，只有这种形状的骨盆才适用于直立行走的步态。

　　粗短的后腿本来就是猿类种群的重要特征之一，这可以使它们尽可能地将身体攀附在树干上。实际上，猿类在爬树时是"坐"在腰部的，然后再交替地利用肩部肌肉向上"拉"的力量和双足向下"蹬"树干的力量。这样的动作非常有效，特别是在爬向树顶时，速度非常惊人。人类当然也可以采用同样的动作，但效率会大打折扣。腿骨太长带来的后果是人体的重心会远离树干，足部无法在树干上施加足够的压力，也就无法提供足够的支撑力。我们常用的方法是在脚上绕一圈绳子，这样可以增加足部与树干间的摩擦。为了更好地理解这一点，你可以想象一下，自己正双足平放、蹲在地上，很快你就会发现由于腿太长，身体有一种后倾的趋势，为了保持身体仍能正立于双足之上，你的小腿很快就会因肌肉紧张而疼痛难忍。而猿猴从来没有这个烦恼。

与一般的猿类比起来，南方古猿腿长臂短，这说明它们虽然不如后来的原始人类那么熟练，但还是更适应直立行走。当然，它们还算不上是专家，南方古猿是半树栖动物，周围的草原、森林都是它们梭巡的场所。与此同时，它们的"姐妹"物种仍然安居在森林里，貌似也很少有在地面运动的需求，黑猩猩和大猩猩都是从这条线上一路进化而来的。

人们偶尔也能看到倭黑猩猩在林间地面上两足奔跑好一阵子，手里还拿着树枝。也许这就是为什么有时候有人会说，倭黑猩猩是类人猿中最像人的物种。这幅情景多少有一点奇妙，不由得会让人把倭黑猩猩当成南方古猿。的确，与其他两种非洲大型类人猿相比，即与它们的姐妹物种黑猩猩和大猩猩比起来，倭黑猩猩的腿更长一些，体型更瘦小一些，而黑猩猩则显得结实、矮胖得多。倭黑猩猩另一项与众不同的能力是挺直膝盖。其他猿类只能以屈膝的姿态直立行走，倭黑猩猩则可以伸展双腿，两足行走起来畅快很多，时间也长久得多。

不过，这离真正的现代意义上的直立行走还有很长一段距离。南方古猿的身体结构还需要进一步调整。从目前的化石记录中可以发现，等到人属中的第一个成员——直立人第一次出现时，已经到距今200万年左右了。人类的大腿骨内翻，并与膝盖相连。而猿类的腿骨垂直生长在其与臀部的附着点下方，当猿类试图直立行走时，它们必须要左右摇摆，就像一个水手远航归来、第一次上岸时的样子。究其原因，主要是因为猿类的腿部和足部超出了身体中线，每迈一步，它们都必须晃动身体，重新调整重心到迈出的那只脚的正上方，否则就会跟跄跌倒。人体腿骨的特殊构造使得两只脚并不是简单地并排、间隔开一个臀部的宽度，而是交替前行，当一只脚抬起、另一只脚落下时，人们只需要稍微地、优雅地扭动一下，就可以轻松地保持平衡。

这种构造巧夺天工，人类借此可以直立行走很长一段距离，在有效支撑上半身重量的同时，又不会给腿部和腹部肌肉造成太大的压力。与猿类相比，这种微小但具有划时代意义的变化缘何而来？这或许与觅食方式的改变有关，人类原本只需在森林及周围的草原上游荡，定居的活动范围并不大。后来，游牧式的生活方式占了上风，而在多个觅食点之间辗转需要来回长途奔波。那促使人类的生活方式发生这种转变的原因是什么呢？答案似乎又与200万年前一个气候急剧变化的时期相吻合。那时非洲的气候变得干燥、凉爽，森林面积缩减、草原逐步扩张，林退草进的结果是，森林中的树栖古猿和草原上的南方古猿都面临着极大的压力。看起来，很可能就是这种气候变化驱使着某些南方古猿借着它们已有的部分直立行走的能力，走向了更远的栖息地。相比之下，其他的猿类物种则选择了与森林共进退，撤退到了更深的森林腹地。

我们再来说说人类独特的碗状骨盆。实际上，骨盆的进化提醒我们，人类的进化不是一个一蹴而就的过程。这种提醒的方式也很特别：痛苦。对大多数灵长类动物而言，分娩是一个干净利落的过程。然而，毫不夸张地说，生育对人类来说是一场灾难，因为分娩实际上就是一个将大头婴儿从骨盆中的产道里挤压出来的过程，而与和人类同等大小的灵长类动物相比，人类产道的尺寸实在太小了。当骨盆形成的时候，它的主要作用是为躯干和头部提供支撑，结构上需要饱满、匀称，这样一来，围绕着产道的骨头一定是相向而生的。在南方古猿的时代，这不是什么大问题，那时候南方古猿婴儿的头部并不比黑猩猩的头大多少，至少在几百万年的时间里是这样的。但是，从大约50万年前起，人脑容量开始急剧增长，产道过小的问题就变得尖锐起来。那时候人类还在致力于怎样更好地直立行走呢！如果靠扩大骨盆的口径来适应婴儿的头部尺寸，母亲个体的灵活机动性将大受影响，无论在行走还是奔跑时，她们都会受到影响，也更容易成为捕食者的目标。

面对这个两难境地该如何选择呢？我们的祖先选择了一种解决办法：缩短怀孕的时间。在所有哺乳动物中，尤其是灵长类动物，除了人类之外，每个物种怀孕的周期都是由大脑的尺寸决定的。动物幼崽刚出生时的大脑尺寸与成熟个体相差无几，而在成长过程中，大脑尺寸就基本不再增长了。假如人类也如法炮制，结果会令母亲们无法接受：人类怀孕生子的周期将达到 21 个月。面对这个戈尔迪之结（Gordian knot）①，我们的祖先并没有等到婴儿发育完全，而是一等到婴儿脱离子宫可以成活时就立即分娩，从而把大脑继续发育的任务推迟到了产后。即便如此，生孩子这事对我们的猿类亲戚来说只是瓜熟蒂落，而对人类来说则是一个异常艰苦的过程。为了进一步降低分娩时挤压的强度，在妊娠晚期，母亲的两片耻骨之间的韧带会变得更有弹性，这样在分娩时，

① "戈尔迪之结"，用来比喻难以厘清的问题。戈尔迪是古希腊神话中的一个国王，他打了一个复杂的结，传说能解开此结的人将能统治亚洲。无数人对此都束手无策，直到亚历山大远征波斯的时候，挥剑将此死结劈成两半，"戈尔迪之结"随之破解。

——译者注

骨盆的两部分可以稍稍分开一点，婴儿通过的产道也就会相应宽松一些（现在明白为什么那么多女性在生过头胎后抱怨旧裤子穿不上了吧）。同时，婴儿在出生时颅骨并不是完全闭合的，在头部通过产道时，颅骨间的间隙受到挤压，也可以使脑袋变得更小一些。

没错，这就是人类婴儿的哺乳期相对较长的原因：他们远未达到一个猿类婴儿出生时的发育状态，大脑和身体皆是如此。这个差距大概在一年以后才能完全弥合。这也能够解释为什么人类的早产儿需要重点看护。就算是经过正常十月怀胎的婴儿在出生时，也只是勉强达到了存活的标准。而一个婴儿如果月份不足，那他真真切切是在生死线上打转。

南方古猿的脑容量和生活方式都与黑猩猩截然不同。实际上，南方古猿的脑容量恰好处于黑猩猩和大猩猩之间。在人类进化史中，脑容量的激增是一件很晚才发生的事情，一直等到大约 200 万年前，人科动物（Family Homo）中第一批成员出现后，大脑尺寸才开始呈现出加速增长的态势。而又一直等到大约 50 万年前智人（Homo sapiens）出现，这种加速度才变得不可逆转。从晚期直立人（Homo erectus，智人出现前的最后一个已知物种）到早期智人（early Homo sapien，又称古智人），再到现代人类，脑容量经历了一场指数级增长。但是不得不指出，大脑容量的顶峰并非出现在现代人类身上，而是出现在饱受偏见、现已灭绝的尼安德特人（Neanderthals）身上。鉴于人们大多认为尼安德特人粗鲁驽钝，这个事实还真有些讽刺意味。

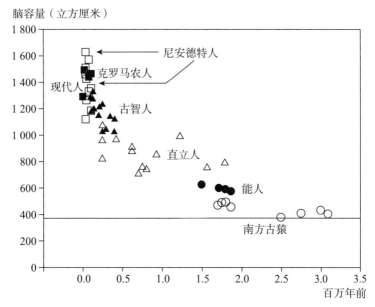

图 1-2 人类的脑容量变迁图

　　根据对人类及其祖先的化石进行的脑容量估计，并按照其生存时间段以打点的方式呈现在图 1-2 中，我们可以看出，早期南方古猿的脑容量正好与现存的大型类人猿（脑容量约为现代人类的 1/4）相仿，而最大脑容量出现在尼安德特人身上。

　　与此同时，考古学记录似乎也有些脱节。南方古猿使用的石头工具非常简陋，主要由远未成型的石头组成。在大多数情况下，人们甚至很难分清这些石器到底是刻意为之的工具，还是偶然敲开的石块。如果是后者，那很可能的情形是：南方古猿为了某个特定的目的将石块捡起，用完后又随手扔掉。这些石器与今日西非几内亚雨林中黑猩猩使用的石头工具没有什么区别，在几内亚，黑猩猩们把石头用作榔头，以便砸开椰子坚硬的外壳。长久以来，所有的猴子和猿类都有采摘植物果实的传统，用石头辅助也没什么了不起的。如果硬要说有什么区别的话，也许是某些南方古猿更多地生活在开阔的栖息地，而且需要随着季节变化在不同的栖息地之间迁移，遇到肉质多汁的水果的机会相对较少一些，石头工具主要用来对付有着坚硬外壳的水果和富含纤维的地下块茎。

一直到 200 万年前直立人出现，才有证据表明，工具的种类和质量都有了显著提高。精心打磨的手斧不断出现。在那之后，尽管脑容量在同一时间段内翻了一番，但在长达 200 万年的大部分时间里，石制工具的发展基本上停滞不前。到了 10 万年前左右，人脑的尺寸基本达到了现代人的水平。又等到大约 5 万年前，也就是所谓的"旧石器时代晚期革命"时期，石器才出现了爆发式的涌现。这种变化仿佛是一夜之间出现的，之前人们还手持粗糙的、仅仅具有功能性的工具，转眼间就出现了大量精雕细琢的部件，如刀刃、钻孔、箭头等。工具不再仅仅用于获取、处理食物，而是被赋予了各式各样的功能：到了 2 万年前左右，人类已经拥有了锥子、胸针，还有被称为"史前维纳斯"

的古老女性雕像。

总而言之，那些长期被认为是人类主要标志的特质（直立行走、脑容量大、制造工具）看起来是在不同的时间段里进化出来的。**从我们的老祖宗与其他猿类各奔东西开始，进化在一点一滴地累积，直到最后功德圆满，人类出现，并不存在一个"一网打尽"的"超级突变"。**历史上也不存在一个明确的时间点，能让我们指着这个点说："看，我们是在这里变成人了！"所谓人性，更多的是若干种特定的性状组合在一起的概念。或许我们可以说，经过漫长的进化过程，一直到了5万年前，随着"旧石器时代晚期革命"的出现，真正意义上的现代人类才终于从猿类中脱颖而出。

再见了，猿类兄弟

诚然，现代人类与猿类的差异巨大，但为什么会这样呢？答案相当简单：从某种不容忽视的意义上讲，所谓人猿分化的差异性，其表象远大于实质，实际上现代人类是一种很"新"的物种。当然，现代人类的某些性状源远流长。例如直立行走就可以追溯到很早以前的一段时期，在这个时期内，两足运动这种方式曾有过明显的自然选择倾向。但是这掩盖不了一个事实：现代人类起源于某个相对古老的物种，但它在进化树上只是最近才出现的一个分支而已。

直立人是人属的第一个正式成员，首次出现于约 200 万年前。在接下来的数百万年里，直立人的足迹遍布整个旧世界（Old World）[①]，从非洲本土出发，往远东方向一直跋涉到中国的东北部，又辗转来到了如今的印度尼西亚群岛，向北则深入到欧洲腹地。迄今为止，直立人的生存记录时间最长，一直到约 50 万年前才销声匿迹。而它们的性状一直处于稳定状态，持续了约 150 万年。当然，在这样长的历史阶段里，还是有一些可以预料的特征变化的，例如，大脑尺寸的缓慢增长。但大体来讲并没有什么推陈出新，都是些小修小补。

终于，在大概 50 万年前，直立人的一个非洲分支开始了快速进化，脑容量迅速增长，身体愈发轻盈。很快，这一分支就蔓延到了整个大陆，相继进入了近东和欧洲，并取代了原本住在那里的直立人。智人的时代到来了。智人仍表现出了很多直立人的原始性状，身体粗壮、眉脊发达，脑容量比现代人类略小。为了更好地区分这些早期人类，这一支经常被称作

[①] 近现代较为科学的动物分类是从欧洲开始的，而一开始欧洲人所熟悉的大陆就是泛指的欧、亚、非大陆，即所谓的旧世界。新世界是被哥伦布发现的美洲。

早期智人（archaic Homo sapiens），甚至还拥有一个专门的人种名词：海德堡人（Homo heidel-bergensis，名字来源于这一物种的首次发现地德国城市海德堡）。在此期间，直立人在亚洲还没有遇到新物种的挑战，仍然占据着统治地位。这一情况极有可能持续到了约 6 万年前，直到第一支现代人类从西方席卷而来为止。

而在智人的发源地非洲，这个新人种并没有闲着，另一场快速、火热的进化也在进行着。大约 20 万年前，一个更轻盈、更纤细的人类变种出现了，这个物种很可能诞生于东非，并最终取代了粗笨的早期智人。这种被统称为晚期智人（anatomically modern humans）的物种以不可思议的速度迅速扩张：15 万年前，晚期智人在横扫整个非洲、将早期智人驱逐殆尽之后，又马不停蹄地穿越了非洲 – 欧亚大陆桥，于 7 万年前左右进入了地中海东部的黎凡特地区（Levant，自古以来这个区域就是横亘欧、亚、非三大洲的十字路口）。这支高度机动、高度组织的猎人群体从那里出发又继续跨过南亚大陆，穿越了 6 万年前分隔亚洲和澳大利亚的水道，并在 4 万年前一度杀回了欧洲。到了 1.5 万年前，他们不慌不忙地一路溜达着穿过白令海峡。在那个时代，白令海峡的海平面还比较低，为他们提供了一条从亚洲到北美洲的陆上通路。接着，到了 1.2 万年前，他们已经在美洲大陆上一路南下，亚马孙森林、巴塔哥尼亚草原都成了晚期智人的殖民地。正如在扩张的过程中必做的功课一样，他们顺手把南北美洲上各类土著的大型动物都收拾得服服帖帖。

晚期智人在全球范围内的爆炸性扩张有其真凭实据。对各种当代人类的线粒体和DNA[①]的分析表明，现存的约70亿人口，都可以追溯到一个由约5 000名女性组成的群体（男性的数量也差不多）。这个人类祖先的群体生活在距今20万～15万年前，而且一定是生活在非洲，因为非洲包含了比世界其他地方多得多的现代人类DNA变种。所有的非非洲裔种族（欧洲人、亚洲人、澳大利亚原住民、美洲人），再加上在撒哈拉南部边缘居住的少数分散的群体，其DNA都与非洲人呈现出高度的相似性。欧－亚－澳－美人（Eurasian-Austro-Americans）都只是在非洲发现的DNA变异范围内的一个子集而已。而且，我们共同的祖先在7万年前左右还生活在非洲，正聚集在东北非的某个角落里呢！

瞧，这就是现代人类非凡的近代祖先！人类为何能傲视众猿？这就是答案。现存的非洲

[①] 每一个细胞的细胞核内都包含着23对染色体，DNA就存放在这些染色体里。除了非常小的Y染色体（仅由男性从他们的父辈那里继承）外，子辈从父母双方那里均等地继承遗传物质。同时，每一个细胞的细胞核外都漂浮着细胞的动力源泉——线粒体，也有少量的DNA是存放在线粒体内的。不管性别如何，线粒体都仅从母亲那里继承；因此，无论两性繁殖多么复杂，线粒体DNA内都完美地保存了每一个个体的母系血统。

猿类是近 700 万年进化的结果；现存的两种黑猩猩也是在大概 200 万年前就自立门户了。与之形成鲜明对比的是，现代人类都来源于一个存在于区区 20 万年前的祖先。这就解释了为什么现代人类之间的差异性其实很小，都只是一些类似肤色、身体比例这样表面上的微小差异。在大型类人猿的大家族里，我们还是个婴儿，充其量算是初来乍到的小孩。那为什么人猿之间的差异看起来这么大呢？其实，那只是因为我们和猿类亲戚之间的物种都灭绝了。如果尼安德特人或者直立人仍然活着，我们再来看现代人类和类人猿之间的差距，可能就没有那么引人注目了。

尼安德特人的谜题

在这部分的结尾，我们有必要针对尼安德特人多讲述一些故事。尼安德特人是经久不衰、令人思绪驰骋的考古学谜题。这个非常成功的人类种族居于欧洲，在长达 30 万年的大部分时间里，其活动范围向西延伸到伊比利亚半岛，向东一直到乌兹别克斯坦和中亚西部的伊朗，其活跃时间甚至比现代人类还要长。尼安德特人的化石来自约 70 个地点，共计 270 多具遗骸，这样的记录对考古学来说的确非常完善，不能用"罕见"这样的词来形容。然而，大约在 3 万年前，尼安德特人突然在眨眼之间凭空消失了。从时间点上看，这与晚期智人的到来相吻合。这些晚期智人被称为克罗马农人（Cro-Magnons），在大约4万年前从非洲迁徙到了欧洲。这种一致性总让人觉得其中有什么蹊跷。

那么，尼安德特人是谁，他们在欧洲干什么呢？尼安德特人的身体形态与现代人相比相当不同。现代人显得纤弱得多，而尼安德特人与早期智人一同起源于原始人类的根节点（约50万年前），体型相当敦实。特别是晚期的尼安德特人，四肢短粗、肌肉发达，面部隆起、下巴后缩、鼻子巨大，眼睛上方的眉脊粗重、发达，颅骨拱形长而低，脑袋后部呈现独一无二的圆髻状，还长着一个标志性的"桶状胸"。所有这些特征叠加在一起，使得人们在辨认尼安德特人化石时几乎不可能犯错。但是即使有这么多典型特征，如果让一个尼安德特人穿上衣服，再把他扔到某个现代都市的大街上去，估计也只会短暂吸引人们的注意力。我们对桶状胸、矮胖子等特征早就见怪不怪了，反而不会关注到尼安德特人那乱蓬蓬的头发下独特的颅骨形状。

或许是基于同样的原因，尼安德特人和克罗马农人的关系成了一个经久不息的话题，学者们每次讨论起来都热闹得像过节一样。1856年，第一具尼安德特人的化石遗骸在德国杜塞尔多夫附近的尼安德特山谷的一个岩洞里被发现。起初人们看到尼安德特人弯曲得很厉害的腿骨（这不就是佝偻病的症状嘛）和矮粗的身材，还把它当成退化的人类。然而，随着在西欧和地中海东部发现了越来越多相同的样本，人们开始意识到，尼安德特人是一个广泛分布的人种，并认定他们是现代欧洲人的直系祖先，而克罗马农人是在之后出现的。接着，反对这个观点的声音越来越大，在将近 10 年之久的时间里，尼安德特人又被当成一个已经灭绝的人类旁支。最后，还是分子遗传学的证据站出来盖棺论定，一劳永逸地解决了这个问题。这像不像脑力过山车，转了好多圈后终于到了终点？

传统观点认为，现代人类的不同种族都是由当地原住的直立人进化而来的，尼安德特人只是人类在欧洲进化的一个中间步骤而已。分子遗传学的证据彻底推翻了这个观点，不管早期的直立人在欧亚大陆上位于何处、待了多久，现代人类都是从早期智人走出非洲起源的。

不过，如果所有的现代人类都只是披着各式皮囊的非洲人，那么为什么尼安德特人被造物主遗弃了呢？答案同样隐藏在 DNA 里，但是，别被电影《侏罗纪公园》欺骗了，从化石中提取 DNA 实际上是一件既让人跃跃欲试又难于登天的事情。所幸，由于尼安德特人的化石还不那么“老”，有时还是有可能搜出一些没有受到石化过程影响的软骨或骨骼碎片的。终于，功夫不负有心人，在 20 世纪 90 年代，瑞典遗传学家斯万特·帕博（Svante Pääbo）和他的同事利用原始的尼安德特人标本，设法在上臂骨的位置提取了一些细胞。事实证明，尼安德特人的 DNA 远远超出了现代人类 DNA 的变异范围，他们不可能是现代欧洲人的祖先。尼安德特人与黑猩猩的 DNA 比对结果表明，尼安德特人的确属于人类进化树的一个分支，但他们与现代人类的 DNA 差异又清楚地说明，二者所拥有的最近的共同祖先生活在 50 万年前，而这个时间点更靠近智人族谱的根节点。后来，研究人员针对其他一些较晚期的尼安德特人的标本也做了一些类似的分析，结果并无二致：尼安德特人和现代人类肯定不属于同一个血统。

目前学界的观点是，尼安德特人代表了最早一批从非洲进入欧洲的古智人的后代。人们在欧洲挖掘出了大量距今 50 万～ 30 万年前的早期智人化石，从解剖学上看，这些化石所代表的物种与撒哈拉以南非洲地区发现的、大约处于同一时期的早期智人大同小异。而这些化石当中很多也呈现出了"尼安德特人式"的特征，如身体敦实矮粗、眉脊厚重发达等，因此，如果认定尼安德特人源自早期智人，并且在欧洲独树一帜、持续进化，看起来也是合情合理的推断。

当然，尼安德特人最终进化出了一套独一无二的特征。其中一些特征，毫无疑问是遗传漂变（genetic drift）[①]的意外结果，因为在迁

① 遗传漂变指一个族群中个体数目越少，基因变化的频率波动就越大，某些基因突变或者消失的概率就越大。

移到欧洲后的几千年内，尼安德特人脱离了远在非洲的亲戚，几乎与世隔绝。其他的特征，如四肢短小、体格矮胖、大鼻子，极有可能是为了适应欧洲冰河时代寒冷的气候。关于这一点，看看生活在寒冷环境中的现代人类就会明白，因纽特人也呈现出了类似的身体比例特征。现代人类哪怕只在高纬度地区生活短短数万年，跟那些祖祖辈辈居住在热带、高大修长的人比起来，也会呈现较大的差异。实际上，四肢短小有利于减少热量耗散，而这是高纬度地区大多数哺乳动物的共同特征。

最终，尼安德特人还是灭绝了，而这件事发生在 2.8 万年前。想想看，这有多么严重，2.8 万年，也就是往前倒推 1 000 代的时间。在欧洲大陆上，现代人类的祖先一不小心就会撞上一伙尼安德特人。一切似乎伸手可及、历历在目。那么，是什么导致尼安德特人一下子就灰飞烟灭了呢？

再回过头来看看那个巧合：欧洲人的直系祖先克罗马农人来到欧洲的时间和尼安德特人消失的时间惊人的一致。这不由得让人想起长久以来阴魂不散的那个词：种族灭绝。毕竟，我们自己就有着活生生的、痛苦的记忆，往近里说，欧洲侵略者对澳大利亚原住民和南美印第安人曾犯下的令人发指的屠杀罪行，仿佛还在不断提醒着人类。诸如此类蓄意而为的还有被欧洲殖民者猎杀至灭绝的塔斯马尼亚土著（native Tasmanians）和开普霍屯督人（Cape Hottentots）等。当然，还有一些原住民大规模死亡的事件纯属意外。例如，20世纪南美的印第安部落曾遭受毁灭性打击，而导致这种破坏的原因是一种在旧世界的移民和传教士眼里微不足道的儿童病：麻疹。贾雷德·戴蒙德（Jared Diamond）曾在他的著作《枪炮、病菌与钢铁》（*Guns，Germs and Steel*）中对此有过描述。所以，要找出尼安德特人消失的原因，疾病有重大嫌疑，毕竟，克罗马农人来自炎热湿润的非洲，那里本身就是一个名副其实的病菌滋生地。

气候似乎也难逃嫌疑。距今10万～3万年前是一个关键时间段，这个时期的气候模型表明，尼安德特人的定居点在向北延伸的过程中，冬季的气温给他们带来了很大限制。尽管尼安德特人的身体已经开始适应寒冷地域，但似乎存在一条温度线。低于这个温度，尼安德特人就无法应付了。随着最后一个冰河时代逐步深入欧洲，尼安德特人的活动范围也被迫逐渐向南移动，越来越靠近伊比利亚和意大利半岛的温暖环境。来自冰核的证据告诉我们，这一时期的全球气温波动剧烈，波动周期动辄以10年计。对任何物种而言，这种情况都很容易造成不可逆转的人口锐减。因此，很有可能，尼安德特人总会发现自己在错误的时间，被困在了错误的地点。

相比之下，克罗马农人就没有那么捉襟见肘了，在同一时期，他们走得更往北。尽管他们在体格上缺乏应对寒冷气候的条件（他们从非洲来，身体条件还是更适应热带地区），但他们应对起低温来似乎游刃有余。这也许意味着某种文化差异，尼安德特人众所周知的技能是穴居和用火，没听说过他们也擅长制作服装啊①。

　　尼安德特人在民间神话中占据了大量篇幅，但是，他们的故事与宏大的人类进化历程比起来，只是在欧洲大陆上发生的小插曲而已。人类的进化在亚洲和非洲又是另一番景象。在亚洲，也许是因为直立人和晚期智人之间没有过渡物种，在大约 6 万年前，后者从非洲杀将过来，在南亚广阔无垠的土地上展开了一场极速赛车般的扩张，这也许是同属人类大家庭的两个不同人种之间唯一一次交手的机会。但如果他们真的撞在了一起，原本居住在中国和东南亚的直立人也不会有任何胜算。

　　有一个发人深省的现象，值得我们警觉地认识到自己所处的现实世界有多么奇怪：自尼安德特人灭绝至今的 2.8 万年期间，始终只有现代人类这一种人科动物存活于世上。从人类

① 对火的使用可以一直追溯到晚期直立人，因此这一技能也可以看作克罗马农人和尼安德特人共同传统的一部分。

进化的 500 万年历史来看,这可是绝无仅有的 2.8 万年,在其他时间段里,都至少同时有两个人种(最多时甚至有 5 个人种)在世上游荡。这些人种还时不时地、满怀警惕地互相撞上一撞。2004 年,一个新的"小矮人"物种弗洛里斯人(floresiensis)在印度尼西亚东部的弗洛里斯岛上被发现,人们总算舒了口气。这些小矮人身高 1 米左右,出现于 1.8 万年前,是直立人的后裔。当地一直流传着住在丛林中的"小矮人"的故事,这下也有了确凿的出处,还增加了新的含义。

近年来有一种不好的倾向,人类总是刻意地夸大自己如何出类拔萃,而这或许已经把我们拖入了自鸣得意的陷阱。就像所有"老来得子"的家庭中的"独生子女"一样,我们总是一厢情愿地认为,自己是天之骄子,理应受到众星捧月的待遇,但实际上,与我们年迈的亲戚相比,人类已经无须再证明自己有多重要、多优越了。

THE HUMAN STORY

A NEW HISTORY OF MANKIND'S
EVOLUTION

02

心智探奇，
会思考如此重要

在进化历程中的某一个阶段上，
原始人类终于积攒了足够多的剩余"计算力"，
从而突破了对心智的认知。

当下，人类所能驾驭的社会群体的规模大约为 150 人：这是一个人所认识并能有效维持关系的数量——并不包括平时的点头之交，也不包括仅仅与你有单纯的业务往来的人。150 又被称为"邓巴数"。

人类可以将感知到的现实世界和自我的心理世界分开。只有人类才能不断反省自己看到的世界，并叩问世界是否可能会是另外的样子。相比之下，猿类以及其他动物只能拥有直观的体验。

画家从黑乎乎的洞穴里钻出来，被春天里的阳光刺得直眯眼。他停顿了一会儿，好让眼睛适应外面的环境，然后，他拾起了一支以燧石为矛头的长矛。每次进洞前他都把这支矛放在洞口边上，每次离开时也都会用一只手轻轻地掂一掂，来寻摸一下平衡感。画家的父亲是一位伟大的工匠，在多年前为他量身定做了这支长矛。对画家来说，这件武器高于一切：当面临熊或者狼的威胁时，长矛曾经不止一次救了他的性命。现在，画家手持长矛，顺着山坡上的山毛榉树丛向下面的河床走去。

沿着河边走了一个小时，画家来到了一片空地，他停下来四处张望。远处，一位老者正在削制一段树干，时不时地还把树干放在火上烤一下，以让它更黝黑、更结实些。画家冲老者点点头，老者也很快回以一个微笑。空地的另一边，两个女人坐在一起，正在收拾一张展开的鹿皮。她们手里拿着石刀，正小心翼翼将鹿皮上附着的脂肪和软骨刮去。这可是一项艰巨的工作，稍不小心就会浪费掉一张上好的皮子。皮子上留下脂肪球，会让皮子很快烂掉；而如果用力太狠，刮得太深，又会让皮子在用作斗篷或者裙子时很快破掉。好皮子是稀罕的物件，她们可不能肆意挥霍。

离这两个女人几米远的地方，坐着两个年幼的女孩子。她们正在聚精会神地玩着一捆旧皮子，一根细树枝就像婴儿被裹在襁褓中一样被裹在旧皮子里，只露出来个枝头。其中的一个女孩，轻轻地抱着这个"襁褓"，仿佛是妈妈怀抱着婴儿；另一个女孩则拿着一小片皮子，一边把它凑近树枝，一边嘬着腮帮子学着吸奶的声音。一会儿，她又把皮子的一角小心地浸入一个盛水的碗，然后取出来，重新凑近枝头。两个孩子轻轻地呼唤起来，像是在鼓励婴儿吃奶，谁也不在意树枝只是一动不动地待在那里。在她们目不转睛的注视下，女孩挤一挤皮子，水滴落在树枝上，就好像落入了婴儿的嘴里。她发出一阵傻笑，心满意足地抽回皮子，她的小伙伴也跟着乐起来，还忙不迭地开始轻轻擦拭木头上的水迹。

画家拄着长矛，看着这一切。那个年纪较小的女孩是他的女儿，大一些的是他表姐的女儿。这两个孩子的表现和进步让画家惊叹不已，自从母亲把她们带到世上，原本是些只会哭啼呕吐的、柔弱的血肉之躯，而现在她们已经能模仿成人的一举一动了。好像他的女儿来到人世也没有多久吧？在画家的脑海里，年头是以春天来计算的，而每年春天他都会去岩洞里绘制他想象中的世界。那么，是 5 个春天……还是 6 个？这不重要……画家曾在心中啧啧称奇，自己的女人能用旧皮子扎出这样惟妙惟肖的玩偶。他也曾看着自己的女儿从嗷嗷待哺到蹒跚学步，一路成长起来。而现在，女儿就像是一个缩小版的妈妈，捧着一段木头，假装也在喂养自己的婴儿。想到这里，画家更加心潮澎湃了。

再过八九个春天，他会为女儿定下一个伴侣，应该是另一个族群里的某个强壮的年轻人吧。他们会一起生个孙子，那时候画家就可以尽享晚年了。但是，画家在心里叹息道，前方的道路充满了波折和凶险。谁知道在女儿面前还会有什么考验和磨难？路上会有什么看不见的障碍？树林里会藏着什么黑乎乎的妖怪？想到这儿，画家的眉头皱了起来。

有一个非常简单的测试，可以用在任何孩子身上。莎莉和安是实验中的两个小孩。莎莉有一个球，她把球放在椅子上的垫子下。然后，她离开了房间。当她离开后，安把球从垫子下拿出来，又把它藏在房间另一侧的玩具盒里。后来，莎莉回到了房间。这时在你看来，莎莉会认为她的球在哪里？

　　一直到四岁之前，大多数孩子都会本能地说："莎莉认为球在玩具盒里。"这个年龄段的孩子还无法区分自己和他人对世界的认知。但是在四岁到四岁半这段时间内，孩子的认知理解能力会有一个飞速的发展。从四岁半起，孩子会说："莎莉认为球在垫子下面，但我知道球不在那里。"这就意味着孩子能够认识到其他人对世界的信念可以跟自己的不一样，而自己知道（或者至少认为）其他人的信念是错误的。我们将这种现象称为孩子已经掌握了一种心智理论（theory of mind）的能力，也就是说，本能使得孩子意识到，每个人都有自己与众不同的想法。这种将心比心、感同身受的能力，有时候又被称为"读心"（mind-reading）或者"心智化"（mentalising），这是人类才有的一个显著而重要的心理特征。

　　像"莎莉和安"这样的测试也被称为"错误信念任务"（false belief task），孩子们要通过这个测试，必须理解以下事实：自己知道一个正确的观点，而另外一个人可以持有一个相反的观点，或者至少与自己的观点不同。现在还有许多这样的测试，例如"聪明豆测试"（Smartie Test）。在这个测试中，你先给孩子看一个装聪明豆的罐子，问他："你认为罐子里面有什么？"答案肯定是："聪明豆。"你再把罐子盖儿打开，让孩子看到里面实际放的是铅笔。然后你将罐子盖儿变回原来的样子，告诉孩子："我要把你的朋友吉米带进来，你觉得他会说罐子里面有什么？"不超过四岁的孩子一定会回答说"铅笔"，他们还无法将自己和其他人对某种场景的认识区分开来，而一直到了四岁半，他们才可以愈发坚定地回答"聪明豆"。

此类测试已经被广泛地用来衡量儿童对他人的想法进行推断的能力。这样的能力也是儿童发育过程中的一个重要分水岭，它标志着儿童什么时候可以开始与一个并不实际存在的世界打交道。有了这样的能力，他们就可以和稍大一些的孩子一样，乐此不疲地玩"扮演游戏"了。在孩子们的想象中，洋娃娃是活着的，而且真的可以从一块破布或者奶瓶中咂吧出奶来。孩子们会参加洋娃娃们的茶会，会假装相信空茶壶中真的有茶水，会往同样空空如也的茶杯中倒茶，还会一本正经地喝茶。

没有人天生就有这种能力，这是儿童发育过程中的一个重大奥秘。婴幼儿对世界的看法和他们感知到的世界是一模一样的。婴幼儿无法想象世界也许与他们的体验大相径庭，他们甚至压根就缺乏想象的能力。由于婴幼儿无法理解自己的所知也许与现实世界格格不入，他们更无法理解另一个人（不管是孩子还是大人）会相信一件他们自己知道肯定是错误的事情。于是，有些事情，也许算得上是成人世界的标志，但婴幼儿却无论如何都做不来：例如利用他人的想法来撒谎。

读心是门学问

至此，我要介绍一个技术术语。几十年前，哲学家们在研究心灵本质的时候，创造了"意向性"（intentionality）这个术语，指的是当我们意识到自己持有某种信念、欲望或者意图时，我们所拥有的那种心境。这个术语是一系列思想状态的统称，如知道、相信、考虑、想要、决心、希望、打算等。这些状态表明，我们意识到了自己的想法的内容。同时，意向性也可以分层次。以这个角度来看，计算机就可以被看作零阶意向性实体：它们对自己"脑子"里运行的东西的内容浑然不知。一些有机生命体，例如细菌（可能还包括某些昆虫）都可以归为这种零阶意向性实体。而大多数具备某种形态大脑的生物体，则可以"意识"到它们脑子里的内容：它们"知道"自己饿了，或者"相信"在那边的灌木丛中藏着一个捕食者。

这样的生物体就被称为具备一阶意向性。而如果能够推断其他生物体的想法或意图并形成自己的想法，就构成了二阶意向性，这也是心智理论能力的最低标准。例如，"简相信莎莉认为球在垫子下面"，那么简就有了两种思想状态（她自己的和莎莉的），这时候心智理论的能力就达到了二阶意向性。

当然，人类远超这个水平。图 2-1 中给出了一个日常生活中的成年人的例子，图中的三个人分别处于不同的意向性层次且依次递增：

妻子、陌生人、丈夫分别拥有一阶意向性、二阶意向性和三阶意向性。同样，如果彼得想要简假定莎莉认为她的球还在垫子底下，那么莎莉就处于一阶意向性水平，简处于二阶意向性水平，而彼得处于三阶意向性水平。这种层次的递增似乎要有一个上限，一般情况下，成年人能够应付过来的意向层次的绝对上限为五阶或者六阶：

彼得相信（1）简认为（2）莎莉想要（3）彼得假定（4）简试图让（5）莎莉相信（6）她的球在垫子底下。

图2-1 "意向性"入门

在一个派对上，丈夫看到自己的妻子和一个陌生人相谈甚欢。妻子处于一阶意向性水平（她知道自己怎么想），陌生人处于二阶意向性水平（他认为这个妻子相信某件事情），而丈夫则相信这个陌生人对妻子的想法的看法是不正确的。图中的陌生人对他人的思想状态持有一种错误的信念，他所展示的就是一种心智理论或"读心"的能力。

如果你读到这个句子时已经抓狂了，不奇怪，很正常：很少有成年人可以把"谁在想些什么"搞得清清楚楚，因为这句话里意向性的阶数已经达到极限了。日常生活中的大多数场景下并不会超过二阶意向性，而且，实际上大多数人的极限都在四阶或五阶：简认为（1）莎莉想要（2）彼得假定（3）简试图让（4）莎莉相信（5）如何如何。至于彼得到底怎么想，那就顾不上了。

我们知道这个极限到底在哪里，是因为我们专门针对正常的成年人做过测试。而在那个时候，没人知道这个领域中人类能力的极限。所有的测试都集中在心智理论能力上，而且大多数是针对处于过渡期的孩子们展开的。为了研究正常成年人的能力，我们设计了一些特别的故事作为心智理论测试用例，其中的意向性达到了六阶。

之所以用六阶作为这些测试的上限，我倒是真心希望能说这是基于一些极其复杂的科学理论，但实际情况是，我发现设计出一个令人信服的七阶心智理论测试用例是不可能的……这些故事都取材于日常生活的小片段，每个都在200字左右：某人想和一个女孩约会，而他又觉得这个女孩在暗恋别人；或者某人想说服她的老板给她加薪，就假装自己已经在别处找到了一份工作之类的。凡是超过六阶的故事都拐弯抹角、令人费解，以至于最后我自己也被绕了进去，不知所云。一瓶威士忌下肚后，我发现已经到了凌晨，终于放弃了，六阶就六阶吧！

我们大约找了 120 名大学生进行测试。他们读了这些故事，然后被要求回答一系列"谁在想些什么"的问题。80% ～ 90% 的被试可以正确回答五阶及五阶以下的任何问题，这很合理，可到了六阶的时候，被试的表现水平陡然下降，只有 40% 的人回答正确（见图 2-2）。对这一大群智商超平均水平的年轻人来说，五阶是一个突降拐点。一段时间之后，杰米·斯蒂勒（Jamie Stiller）又开展了第二次心智理论测试，结果与第一次相同。而在这一次测试中，斯蒂勒所使用的测试故事达到了九阶。

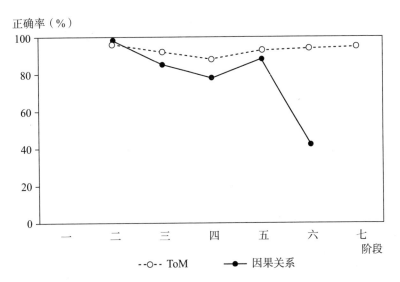

图 2-2　不同意向性水平的心智理论及因果测试结果

人类的能力似乎受限于五阶意向性。当看过一篇篇关于不同人的动作及想法的小故事后（图中实心圆符所示，ToM 测试题），大多数被试都可以对五阶意向性状态做出正确推断（A 相信 B 认为 C 想让 D 以为 E 想象……），但是只有极少数人可以应对六阶意向性水平。而与此同时，对于因果关系类的测试题目，被试则可以轻易地应对到七阶（A 导致 B，B 影响到 C，C 触发 D，D 导致 E，E 再驱动 F，F 再导致 G，最后结果是 H：图中空心圆符所示，因果关系题（Causal）。（根据 Kinderman 等人重绘，1998。）

这种突降拐点的现象并非仅仅是记忆力的问题。我们在不同的心智理论测试问题之间还夹杂了一些事实型问题，而被试们回答这类问题都毫无难度。他们记得每个故事中的主要事件。我们还另外给了他们一个简单的故事，详细说明了一个老人在吸烟时睡着，最终把自己给烧死了的前后经过。这个故事与用于心智理论测试的故事有着同样的层层嵌套结构（A 导致 B，B 导致 C，等等）。被试们对此没感到一丝困难：尽管其中因果关系的链条一直串联到了七阶，但正确率还是维持在恒定的 90%～95% 左右（当 A 发生时，B 随之出现，接着 C 消失了，这导致了 D，再引发了事件 E，然后又造成了 F，从而加速了 G 的产生）。因此，被试的麻烦不在于事件前后的因果关系本身，而是与思想状态的反身性（Reflexivity）有关。

别忘了，不是所有人都能够达到这么高的能力水平。有一件事很有意义，就是看看精神分裂症患者（或许还有那些患上抑郁症的人）在心智理论测试里会不会得分比较低，而结果是：在病情加重时，他们连二阶测试都无法通过。这些被试在不同阶段的表现判若两人，也就是说，在患者发病的临床阶段，不管是精神分裂症患者，还是抑郁症患者，都无法对其他人的想法、意图做出正确判断。但也只有在这个阶段，他们才无力完成测试。一旦等到病情缓和下来，他们就能表现出正常的心智理论能力了。这或许可以解释为什么精神分裂症患者的重要症状之一是偏执：他们完全曲解了与之打交道的人的意向，总觉得这些人是在图谋不轨。这就好比他们头脑中负责"读心"的那一部分在超负荷运作，一有风吹草动就会立马做出激烈的反应；而负责理性的那一部分就像完全失灵的刹车，根本无法制止这样的行为。

还有另外一群人在该测试中的得分也比较低——自闭症儿童。自闭症比较奇特，尽管整体上发病率非常低，但是男孩发病的比例比女孩要高出 3 倍。自闭症最主要的表现是缺乏心智理论能力，除此之外，还伴有多种其他症状，分布很广，如智商、语言能力以及其他认知能力等表现异常。一种极端的情况是阿斯伯格综合征（Asperger syndrome），患者的智商可能很正常，甚至会高于平均水平；另一种极端的情况则是自闭症患者在学习能力及语言能力方面存在严重的缺陷。而不管这些症状有多么不同，所有的患者都有一个共同点：缺乏心智理论能力。

阿斯伯格综合征患者是一个非常特别的群体，一般情况下，他们的智力正常，甚至会超出平均水平，不少患者尤其擅长数学和计算，但是他们往往不能有效地适应社会环境，不明白常人的喜怒哀乐从何而来、如何表现，总是以自己无拘无束、直截了当的方式冒犯、疏远朋友和熟人。换言之，患者无法把控正常的社会交往所应有的精妙之处——那些可意会不可言传的直觉，知道什么时候督促推动，什么时候适可而止；知道如何含蓄得体地表达言下之意，或者如何言辞微妙地给出暗示，而不会给自己增加额外的负担；知道如何委婉地拒绝对方，而对方又不会觉得当众受辱。

自闭症儿童长大后仍无法通过心智能力测试，这给他们的社会活动带来了很多麻烦。出于同样的原因，自闭症儿童不会说谎，或者至少无法以假乱真地说谎，更不会玩"扮演游戏"。一个玩偶怎么可能是真人，还会饿、会哭呢？在自闭症儿童的眼中，世界毫不模糊，只可以分为有生命的东西和无生命的东西，丁是丁，卯是卯。同样，在语言能力的发展过程中，他们只能使用文字的字面含义。如果指望他们利用文字来开玩笑或者表达隐喻，那比登天还难。所以，在与自闭症儿童沟通时必须格外小心：他们会"照单全收"你话语的信息。如果你说一句"出门的时候拉上门"（Pull the door behind you when you go out），他们会严格地理解为把门从门折页上拆下来，再拖着它走。我们一般根本不会往这方面想，因为我们早已理解了"拉"这个字在上述语境里所带有的隐喻色彩，在谈话过程中我们自然而然就能得出结论——到底是真的想让我们把门卸下来、拉着走，还是仅仅把门关上就行了。也许是前者，也许是后者，听众会根据谈话的上下文揣测、翻译出说话人的意图，也就是他的思想状态。当然，在这一过程中，一定会存在某些大胆猜测的成分。

正因如此，自闭症患者的社会交往能力受到极大影响。他们在日常沟通中压根儿无法驾驭语言的委婉微妙之处，即便是成人之后，他们仍会不断犯错，很难维持正常的人际关系。尽管对常人而言，人与人之间沟通交流、互谅互让都是些毫不费力的事情。

如果你有那么一丁点儿的怀疑，觉得自己在现实生活中的确遇到过类似的行为，而且次数比你想象得要多，也许你的感觉是对的。心理学家西蒙·巴伦-科恩（Simon Baron-Cohen）认为，自闭症在人类男性中是一种常见的症状，每一位男性的心智中都潜伏着自闭症的阴影，但只有在少数不幸的个体身上才激化成某种极端的形式。关于这个观点倒是众说纷纭。人们普遍认为，女性对社会性的信息更敏感，在处理社会关系时也比男性更得心应手。不错，的确有大量的证据可以证明这一点。我的一个学生丽贝卡·斯沃布里克（Rebecca Swarbrick）从统计学上证明了女性的确在解决二阶和三阶的心智能力问题时表现更好一些。当然，男女两性的能力表现有很大重叠——有些男性确实优于某些女性。但是，平均而言，女性比男性更出色。日常生活中我们经常能看到这种能力差异带来的影响。只要想想看十几岁的女孩子在社交上的压力有多大就知道了。如果一个女孩没有被邀请参加另一个女孩的派对，那种紧张和专注的程度就像世界末日要来了。而差不多岁数的男孩子呢，他们所谓的社交关系更多是在大街上来来回回踢足球。对男孩来讲，其他伙伴所扮演的角色就跟一堵墙差不多：只要能把球还给我就行了。

知其然与知其所以然

我们对人类精神生活的复杂性认识越多，就越会不可避免地发问：心智理论能力到底是人类所特有的，还是一种更加广泛的动物心理现象？在我们生活的非凡的精神世界里，人类是否在孤芳自赏？

这个问题看似简单，其实并不容易回答。其中面临的一个困难是，我们如此沉迷于自己神奇的精神世界，也会想当然地把同样的能力赋予其他动物，甚至连无生命的物质也被我们赋予了各种精神状态。我们相信草木有情、泉水有灵，我们会用各种各样的情绪化语言描述物质世界，如"步步紧逼的乌云""愤怒的海洋""风从门缝里溜了进来""肆虐的暴风雨"。而在我们进行研究的时候，一定要小心提防人类心理中这种不自觉的拟人化倾向作怪。

在日常生活中，相信其他动物，甚至无生命的物体和人类一样具备各种精神状态是一件无伤大雅的事情，说不定还能带来更多的便利；但在探究世界背后的运作机制时，这一点很容易误导我们。例如，如果我们坚持认为偶尔的火山爆发是火山在大发雷霆，我们就会更倾向于采用手段去安抚火山，而不是去试图理解和控制导致火山爆发的实际因素。我们也会诉诸无用的祈祷和卑下的乞求，而不是去预测火山爆发的周期。在以狩猎和采集为主的社会里，这样的活动至少无害，反正本来人类也做不了什么来预防自然灾害，赋予火山以人格反而可以帮助我们的祖先在面对捉摸不定的大自然时，增加一些可控和确定的感觉。然而时至今日，人类的很多项活动都是依赖于技术且相互依存的，一味地祈祷只会导致人心涣散，反而把人类力所能及又势在必行的事情给耽误了。就拿计算机来说，众所周知，它只具备零阶意向性，根本无法理解人类的意图。

拟人化的危害并非空穴来风。如果我们想百分之百地确认动物具有和人类类似的心理活动，那动物就必须通过测试，而且不能受到心理学家所说的"聪明的汉斯"（Clever Hans）效应的影响。汉斯是20世纪初德国的一匹马，其招牌动作是算算术。汉斯的主人威廉·冯·奥斯滕是一位前德国贵族和退休教师。他带着汉斯兴致勃勃地周游德国，每次演出的时候，冯·奥斯滕都会冲着他的马喊："汉斯，3加4等于几？"然后汉斯开始用前蹄敲地，而冯·奥斯滕开始数数。1、2、3、4……等数到7下的时候，汉斯居然停住了！观众们大吃一惊。不管给汉斯出什么算术题，它都能回答正确。对冯·奥斯滕来说，这证明汉斯的确会算术，而且是他教出来的。于是，冯·奥斯滕到处去兜售自己的方法，希望能加以推广。

冯·奥斯滕和他的观众一样，对这匹马会算术这一点深信不疑，所以他愿意把他的徒弟交给科学家们去测试。最终，经过长时间的一系列实验，人们终于发现，汉斯其实根本不懂算术，而是非常善于捕捉冯·奥斯滕的细微暗示。通过仔细调整、变换汉斯所能看到的人和物，人们发现，在汉斯敲打完正确答案的最后一下时，冯·奥斯滕会有一个独特的点头动作，仿佛在说："对啦！对啦！就是这样！"而汉斯发现了这个暗示就会停止敲地。冯·奥斯滕并不是有意这样的，这只是一种自然反应，任何一个大人在跟孩子一起慢慢数数时，都会下意识地这么做。而汉斯则学到了：只要它在暗示出现的时候停止敲地，就能获得奖励。可见，"眼见为实"并不总是成立的。时至今日，聪明的汉斯还像幽灵一样，持续困扰着心理学家。

在过去的很长时间，一直有许多人想设计出一个万全之策，来对动物进行"错误信念任务"测试，到目前为止，这些测试只在黑猩猩和海豚身上开展过。其中一些测试是为了确定动物是否能够区分其他个体的反应是"有知识的"还是"无知识的"，即动物是否理解"看到"某个事物和"知道"某个事物之间的关系。美国路易斯安那州立大学的心理学家丹尼·波维内利（Danny Povinelli）曾经为黑猩猩和恒河猴提供了选择看护人员的机会，而这些看护人员要么是"有知识的"，要么是"无知识的"，或者是表现不友善的（例如有意或无意地洒掉了给动物的饮料）。

黑猩猩很快就学会了只跟"正面"对着自己的看护人员要奖赏，而对"背对"着它们的人置之不理。在这个实验里，"正面"对着黑猩猩的人是"有知识的"，背对着它们的人是"无知识的"。但是黑猩猩很难区分"正面"对它们的人和头上套着纸袋子的人。在另一项实验中，看护人员要告知黑猩猩食物到底藏在两个可能的地方中的哪一个。这一次，黑猩猩又很快学到了诀窍，只听从那些已经查看过食物藏身地的人的指示，而不去理会那些藏食物时不在屋子里的人（这些人也需要猜测食物藏在哪里）。相反，恒河猴在这些测试中的表现一塌糊涂。这说明猿类可以正确地推测"有知识"和"无知识"两种状态，而猴子对此无能为力。

然而，波维内利仍怀疑猿类到底是仅仅在发现可靠的线索上表现出了较强的学习能力，还是真的能够理解看护人员的想法。两年后，波维内利又重新进行了一次测试，这次他们发现，黑猩猩在部分测试项上的正确率并不比瞎猜强，这让他更怀疑了。看起来黑猩猩以前是死记硬背了解决问题的办法，而现在它们忘了。这表明，黑猩猩并不具备一般意义上的推测他人想法的能力，它们只是和阿斯伯格综合征患者一样，会利用更多的、表面可见的线索来解决问题。由于要解决的问题每次都不一样，解决的办法也会很快被忘掉。相反，拥有心智理论能力，则可以从一个更高的层面、利用同样的原则应对各种纷繁的社会环境。

知识以及"看到－知道"问题与"错误信念任务"并不完全一致，后者是发展心理学家们用来进行 ToM 测试的标杆。"错误信念任务"只有利用心智理论能力才能正确解决。那么，动物们在这些测试里表现如何呢？

约瑟普·柯（Josep Call）和迈克尔·托马塞洛（Michael Tomasello）让黑猩猩做了一个简单的"错误信念任务"。其中，黑猩猩要在两个放在屏风后面的盒子之间做出选择，其中一个盒子里放着一片水果作为诱饵。黑猩猩所能看到的是：一位观察者看过屏风后面的诱饵后，移走屏风，观察者会再通过敲击盒子来提示黑猩猩选哪个。黑猩猩可以发现，这个观察者是可信的。一旦黑猩猩在这件事上表现纯熟以后，一个新的元素就加了进来。首先还是放好诱饵，然后观察者离开房间。在观察者不在的时候，两个盒子的位置会被调换。为了解决这个问题，黑猩猩需要明白，当观察者返回、敲击盒子时，由于观察者没有看到盒子被移动位置，现在他拥有了一个错误的信念，而黑猩猩应该选择那个与指示相反的盒子。但是，如果黑猩猩缺乏心智理论能力，只能对行为规则进行简单的学习（"选择观察者敲击的盒子"），黑猩猩就会仍然选择那个与指示相同的盒子，丝毫没有意识到观察者现在已经"糊涂"了。在这个实验中，孩子们毫无争议地通过了测试，而黑猩猩全军覆没。

在另一项研究中，桑吉达·奥康纳（Sanjida O'Connell，我的一个博士生，现在是电视制片人和屡次获奖的小说家）采用了一个类似的"四盒问题"对黑猩猩进行了测试，这个测试也用来与针对 4～6 岁孩子的"聪明豆"测试进行比较。结果是，虽然黑猩猩的表现明显比瞎猜要好得多，但是它们显然远未达到五六岁的孩子的水平，也就是与四岁的孩子差不多吧。黑猩猩的水平与那些刚刚开始获得 ToM 能力的孩子相近。然而，这个测试真正重要的发现是：黑猩猩的表现要远强于自闭症儿童。

实际上，研究者对黑猩猩是否理解"错误信念"存在两种不同的意见，一方支持（但只有一个证据），另一方反对，目前尚无定论。但即便是黑猩猩有这种能力，它们最多也只能达到二阶意向性的水平，也就是四岁孩子的水平，而成年人类至少具备三阶甚至更高的能力呢！

海豚的大脑容量很大，外形复杂并呈回旋状，表面上有很多褶皱。与猿类相比，海豚的大脑看起来更像人类的大脑。因此，如果要挑选一种可能具有读心能力的动物，海豚当之无愧。的确，我们知道海豚的社会化行为模式很复杂。它们能和猴子、猿猴一样组织同盟，很早就被认定为具备理解语言的能力，有些人还声称海豚能够"使用"语言。于是，在海豚身上，我们进行了上文中柯和托马塞洛曾经使用过的"二选一"测试。第一组实验由阿尔·楚丁（Al Tschudin）实施，地点在南非德班。这一组的结果非常令人振奋，海豚似乎能够轻而易举地通过"错误信念任务"。但我们有些担心类似"聪明的汉斯"这样的现象发生：通过分析实验的录像带，研究人员发现，海豚可能同样利用了某些无心而为的线索。而且，海豚似乎也经常采用"两边下注"的策略，试图将鼻子同时指向两个盒子：它们先是按照要求指向一个盒子，然后再慢慢地挪向另一个。这样一来，实验人员也搞不清楚它们到底想选哪一个盒子，很容易被迷惑，而海豚显然从中尝到了欺骗的甜头。海豚聪明透顶不假，但也许更重要的是，在这个特定的实验中，海豚是与和它们朝夕相处、共同表演的训练师待在一起的。于是，这个实验被重复了一遍。首先是在佛罗里达挑选了一批本地海豚。之后，实验人员由伊莱恩·马德森（Elainie Madsen）和海蒂·菲尔德（Heidi Feld）重新指定，实验程序也经过了严苛的设计以排除任何"聪明的汉斯"效应，同时排除了海豚两边下注的可能性。这一次，海豚们一败涂地。

最终的结论的确有些模棱两可，对这些动物来说，不管是黑猩猩还是海豚，也许此类任务都过于人性化了。也许结果并不意味着动物无法完成 ToM 任务，而是它们压根儿不明白这个测试的重点是什么，能不能完成这个任务跟心智理论的能力无关。要让猿类或者海豚了解并接受"错误信念任务"，可能面临着两个难点。第一个难点是任务本身要求受试的动物和实验者必须合作。当任务中涉及食物等动物们要奋力争抢的因素时，如果动物本来就不属于讲究群体协作的种类，很难想象它们会乖乖地与其他个体合作。从这个意义上讲，更具竞争性的任务才更接近于动物们的常态，它们才会更容易理解。当然，第二个难点是，所有这些任务都包含着动物和人之间的交互。让一只猿或者海豚理解人类的心思，也许比让它们理解一个同类的心思要难得多。

哈佛大学的心理学家布莱恩·黑尔（Brian Hare）吸取了这些经验教训，设计了一个以黑猩猩为中心的测试。测试内容是这样的：在两个笼子之间放一份食物作为奖励（如一块水果），笼子里各有一只地位较高（"大哥"）和地位较低（"小弟"）的黑猩猩。把两只黑猩猩同时从笼子里放出来后，"小弟"通常会踌躇不前，从而让"大哥"顺理成章地取走水果。可是，如果把这块水果放在一块密实的屏幕后面，只有一只黑猩猩看得到的话，情形就大不相同了。假如"小弟"看得到、"大哥"看不到，那么"小弟"会以迅雷不及掩耳之势抢走水果并吃掉。看起来似乎它意识到了只有自己能看到，并利用这点在"大哥"发现之前先发制人。这种行为并不意味着完全通过了"错误信念任务"，但起码是朝着这个方向迈出了重要一步。这再次说明，猿类（至少是黑猩猩，相应测试还没有在大猩猩和猩猩身上开展过）算得上在心智理论的边缘上溜达吧。

不过，无论对上述结果再怎么解读，有一点都是确凿无疑的：黑猩猩也好，海豚也罢，它们从来都没有表现出超过6岁人类儿童的能力，而这个年龄的儿童早就具备了心智理论能力。同样，不管猿类能做出何种举动，它们在处理四阶或五阶意向性问题时，也从未达到成年人类的水平。

有个观点似乎每个人都同意，那就是，与猿类相反，猴子们确确实实从来没有跟心智理论沾过边儿。尽管没有专门证实此结论的实验，但有相当多的间接证据可以说明这一点。

多萝西·切尼（Dorothy Cheney）和罗伯特·塞法斯（Robert Seyfarth）曾耗费多年时间在肯尼亚安波塞利国家公园（Amboseli National Park）研究长尾猴（vervet monkeys）。有一天，他们注意到，猴群中的雄性首领开始关注起一只在旁边小树林转悠的陌生公猴。很显然，这只公猴想入它们的伙儿。假如这只公猴如愿了，那么首领自己就有可能被从至高无上的位置上赶下来，这也就意味着它被剥夺了与进入发情期的雌性交配的特权。

看起来首领对这种前景非常不满，并想出了应对之策：每当那只陌生公猴从树上跳下来，试图穿过隔在它和猴群之间的一片开阔地时，首领就会大声发出"小心豹子"的警告。和许多物种一样，长尾猴可以针对不同的捕猎者发出不同的警告，而其他同伴可以借此识别出不同的危险来源，并采取相应的举措。听到豹子来了，它们会冲向最近的树木；听到老鹰来了，它们会赶紧逃离树冠；而听到蛇来了，它们就会立刻耸身起立、凝视草丛、伺机而动。可想而知，每次首领一报军情，那只陌生公猴就如临大敌，只能掉头逃回树丛中的安全地带。

如果这个首领没有犯错，一切都将天衣无缝。问题是当它再一次虚张声势时，居然还满不在乎地在林间空地上逛荡。诡计到底还是败露了，即便是最愚笨的猴子也能看出来，根本就没有豹子。但凡有一只豹子出没，首领就不会在空地上有恃无恐地打转儿。这就像一个3岁的孩子坚持说自己没有吃冰箱里的巧克力。凭借过去的经验，他知道只要表现得足够自信，大人们还是有相当大的可能性会相信他的。但是，一个3岁的孩子并不具备心智理论能力，他并不知道大人们之所以上当，只不过是因为他们情愿相信他这个调皮鬼是无辜的，正所谓"无罪推定"。可是，如果他的脸上、手上都沾满了巧克力，那说什么都没用了。

按照切尼和塞法斯的说法，猴子和猿之间的区别就好比一个好的行为学家和一个好的心理学家之间的差异。顾名思义，行为学家研究行为，擅长解释行为的含义，也能够预测未来。猴子就是如此，它们可以预测出其他个体的反应并加以操控，但并不了解行为背后的心理活动："读心"的能力对猴子而言是一大障碍，因此它们无法明白其他动物采取某种行为的缘由和动机，这使得猴子很容易聪明反被聪明误。而心理学家正好相反，他们对行为背后的心理活动更感兴趣，这也使得心理学家更有可能编造出扑朔迷离的谎言。自古以来，哲学家们就在明确"知其然"和"知其所以然"的差异，而前者意味着"我知道某事会发生，但我不知道它是怎么发生的"。

欺骗是门艺术

显然，在操纵、摆布同伴这件事上，猴子和人类、猿类一样，都是专家。圣安德鲁斯大学的迪克·拜恩（Dick Byrne）和安迪·怀腾（Andy Whiten）从与灵长类动物有关的科学文献中整理出了一个巨大的数据库，专门用来存放各种欺骗行为的案例。每个案例中都涉及某个动物如何操纵另一个个体的行为，而这些操控都是通过影响被操控者对环境的感知而进行的，拜恩和怀腾将这些现象称为"战术欺骗"。

在埃塞俄比亚东北角的一片干旱沙漠里住着一群阿拉伯狒狒，这样的"战术欺骗"行为在它们之间时常发生。这些狒狒广泛分布在沿着沙漠边缘生长的多刺灌木丛里，分成多个大部队，每一个大部队里有 80 多只。大部队又由若干个小分队组成，每个小分队包含一只雄性和两三只雌性，以及它们抚养的狒狒幼崽。雄狒狒以残暴的手段维持着小分队的稳定，如果有哪只雌狒狒胆敢离群出走，抑或是出现了一点点和别的雄狒狒眉来眼去的迹象，"当家"的雄狒狒都会毫不留情地加以打压。

瑞士动物学家汉斯·库默尔（Hans Kummer）对这种动物在野外环境下的生活做了大量研究。库默尔有一次注意到，一只年轻的雌狒狒在大伙儿忙着进食时，花了足足有 20 分钟，慢慢地挪到了一块大石头旁边，而在石头背后藏着另一只年轻的、还没有成家立业的雄狒狒。这只雌狒狒很快就开始亲昵地为雄狒狒梳理皮毛，而与此同时，它还努力地把头从大石头上探出来，唯恐十几米外自家的雄狒狒看不见自己。瞧这情形，"出轨"的雌狒狒似乎是在想："只要这个糟老头子能看见我的头，它就不会怀疑我在干什么非分的事情……"

且慢，尽管这种说法很有趣，但大多数类似的例子其实还有很多种解释。我们再来看看上文中的那只"出轨"的雌狒狒。从表面上看，它似乎心中有数："只要'当家人'能看见我的脑袋，它就会假设我表现很好。"换个说法，雌狒狒认为雄狒狒会相信它正在规规矩矩地吃东西。这与二阶意向性不就是一回事嘛，正好说明猴子具有心智理论能力。但是，我们并不能确定"出轨"的雌狒狒的确是这么想的。也许它仅仅是善于观察行为，根据自己惨痛的经验得出了结论："如果我不在'当家人'的视线范围内的话，它就会惩罚我。""出轨"的雌狒狒并不知道"当家"的雄狒狒为什么要这么做，但它知道只有循规蹈矩，才能免遭家暴。又或许它根本没想这么多，而只是想时刻盯着雄狒狒，一有要攻击的迹象，就马上溜之大吉。

这样一来，我们有了两个可以自圆其说的解释，而且都可以用在那只"出轨"的雌狒狒身上。其中让我们满意的解释是，它已经具备了心智理论能力，能够刻意地利用虚假信息来欺骗他人；让人稍微有些怅然若失的解释是，它只是知道如何避免麻烦，而并不知道策略是如何发挥作用的以及为什么会发挥作用。诚然，如果仅仅依据雌狒狒的行为本身，我们无法确定正确的答案。不同的解释会引领我们在探索猴子的心理活动时取得大相径庭的结论。

有人可能会说，学会推测思想状态是动物逃避惩罚的最佳手段。如果一只动物只知道在何种条件下它会受罚（例如，在某一特定事件或者线索出现后，某一特定的后果就会出现），它一定会发现，有一天在某种场合下，如果自己在错误的时间出现在了错误的地点，即便是无心也难逃一罚。那么，它的生命就等于吃苦头，对未来没有任何展望，更谈不到任何掌控。相反，如果使用心智理论能力来解决问题，它就会发现自己在做出什么样的举动时会激怒其他动物（还是上文中的例子，雄狒狒到底为什么会坐卧不安？原来它真正担心的是雌狒狒会改投"他狒"怀抱）。弄明白了这些道理，动物们才能放眼未来，有的放矢，先发制人。

至少对人类来说，这是与社会环境打交道时的常见方式，也非常有效。当然，人类有大脑、工于心计，但这并不意味着所有其他动物都有同样的能力。至少有一些物种并没有玩这些心理游戏，但日子照样过得风生水起。昆虫是一个典型的例子，鱼类和爬行动物也可归于此类，老鼠也是，但老鼠似乎与心理游戏还更近一些。当然，所有这些物种都生活在比人类和猿类简单得多的社会环境里，那么归根结底，猴子和猿类是否需要心智理论呢？它们身上所体现出来的社会复杂性是不是一定需要心智理论呢？同样，人类呢？

也许我们错过了些什么？我们一直在关注心智理论，或许忽略了人类生活中更重要的事情，或许在人类的心灵世界里还有一些更为基础和本质的属性，而所谓心智理论，只是这些属性表现出来的结果而已。

思考的深度和力量

人类精神世界的一个显著特征是"内心演练"（mental rehearsal）。这通常需要充分地考虑各种替代选择，评估各种可能的后果，并在做出一个选择后，在内心反复演练，以便找出最佳的执行方案。这个过程早已融入我们的精神生活，我们很少意识到它的存在。但也许这就是我们一直在寻找的线索。

实际上，这种内心演练是一项非常复杂的任务，需要多种不同的认知能力相互协作才能够完成，比如因果推理能力（挖掘出可能的因果链）、类比推理能力（辨识出 A 相对于 B 跟 X 相对于 Y 是一样的）、并行思考能力（同时考虑几种替代方案）等，而且，最终这些能力还需要持续不断地协同发挥作用。

其中，类比推理能力可能会起到一鸣惊人的效果。实际上，莱拉·博罗迪茨基（Lera Boroditsky）曾经说过，人类是先有了对空间的感知能力，再借助类比推理，具备了对时间的感知能力。毕竟，时间看不见、摸不着，只存在于我们的想象之中。我们只有通过斗转星移，才能推断出时光流逝。相反，通过视觉和触觉，我们可以直接感受到物理空间。博罗迪茨基证实，如果先给被试一个关于物体空间位置的陈述句（"这朵花在我面前"），然后再给他一个关于某一事件模棱两可的、与时间序列有关的陈述句（"下周三的会议往前推了两天，到底哪天开会"），那么他将会有更大的可能性给出正确答案；但是，反过来却起不到这样的效果。博罗迪茨基认为，这说明人类感知时间的能力是从感知空间的能力发生、发展而来的，而且，这也能够解释为什么当人们提到时间的时候，经常会采用与空间有关的描述："某事在另一件事的前面发生""我们要面向未来向前看""我们落后于进度了"，诸如此类。

在人类演绎各式各样的心智世界的时候，类比推理能力也会起到出其不意的作用。人们可以借此探究他人的内心世界，正所谓推己及人。比方说，你的银行卡被自动取款机吞了，你的脚趾撞伤了，而奇妙的是，这一切我都可以感同身受。这种现象在处理相互关系的时候更为重要。我们可以看到、听到甚至触摸到动物们在那里你来我往，这都是一些直观的现象。但是如果要正确理解两个个体之间的关系的本质，我们还要参考一些不那么直观的事物。正如动物行为学家罗伯特·欣德（Robert Hinde）所指出的那样，我们通过对个体之间交互行为的观察，抽象提取出了个体之间的关系。所谓关系，本来就只属于虚拟世界。人类要做的，就是将物理世界中的交互行为（真实的事件）和虚拟世界中由这些事件构成的关系，来来回回地进行类比，从而弄明白这些行为的深层意图及其背后的恩怨情仇。

要想测试动物的类比推理能力可要费些周折。大多数的此类研究都集中在一些相当简单的任务上，比如是否能够发现不同种类事物之间的关系的相似性（水龙头 – 水；钥匙 – ？答案是锁）。这其实和我们想探究的以一种思想状态来揣摩另一种思想状态的类比方式不太一样，和社会过程与物理过程之间的相互类推也不一样。迄今为止，所有这些研究针对的都是感知上的相似性（perceptual similarity），而非概念上的相似性（conceptual similarity），也就是形似而非神似。关系是无形的，在不同的社会情境下，个体之间的交际更看重的是概念相似性。不管怎样，针对大型类人猿的因果推理和内心演练能力，人们已经开展了大量的实验研究。

我们用来对理解因果关系的能力进行的测试，也被广泛地应用在幼童身上，甚至是那些仅 6 个月大小的婴儿。相对来说，测试的设计很简单：给一个被试（人或者动物）看一段视频，内容大概是某个物体在被另一个物体撞击后产生了运动。视频被反复播放，直到被试已经习以为常、不再关注视频为止；这时候，再给被试看另一段视频，里面只有物体的运动，而两个物体并没有接触或碰撞。如果这段视频让被试有一种出乎意料的反应出现，就证明被试已经意识到某些不寻常的事情发生了（至少这能证明被试的反应与仅仅看到视频内容的转换是不一样的）。这也就是因果推理能力的自然体现。6 个月大的婴儿可以通过这项测试，黑猩猩也可以，猴子例外。意大利心理学家伊丽莎白·维萨尔伯格（Elisabeta Visalberghi）和她的同事在罗马也开展了一系列针对因果推理能力的不同类型的测试，结果相当接近。

对内心演练能力的测试，则是比较在不同场景下打开一个谜箱

（puzzle box）所花的时间。场景一是被试事先可以有一整天的时间来观察谜箱，但不可触碰；场景二是被试在毫无准备的情况下拿到谜箱。结果是，无论黑猩猩、猩猩，还是人类儿童（5～7岁），在场景一下的表现都明显优于在场景二下的表现。其中人类儿童的表现要明显优于其他任何一种大型类人猿。

这些结果表明，上述基本能力至少对现代猿类来说是相当泛化的。然而，不管猿类在这类任务上表现有多好，年龄再小的人类儿童都远超它们不止一个数量级。有两点在这里可能很重要：第一，为了使人类的社会认知得到充分发展，上述四种能力必须同时起作用：只具备其中的几种能力固然有用，但无法支撑四阶和五阶意向性所需的复杂思维。第二，这几种能力能够施展到何种程度，直接取决于大脑的容量：你能同时收看多少录像带？能持续收看多长时间？而这一切或许只简单地取决于你的神经电路可以支撑多少这样的任务（别忘了，还要留出足够的空间来支撑身体其他部位的正常运作）。关于这点，思想能走多远、多深都非常重要：这既能让我们深思熟虑地下象棋，也能让我们绞尽脑汁地讨人欢心。我的同事露易丝·巴雷特（Louise Barrett）就坚定地认为，狒狒们总是争斗不断，是因为它们总是活在当下，此时此地是它们生活的全部。它们永远不会明白，有时候观望一下、以退为进才是长久之策。

能不能从外部世界的即时变化中抽身，是否可以停下来仔细想一想，决定了我们能否做出审时度势的反应。毕竟，上述能力整合在一起，实际上就是心智能力：根据个人的经验，想象一下这个世界的另一番样子，再推断出其他人拥有的信念正确与否。而不同物种、不同个体在基础能力上表现出来的差异性，也可以用来解释为什么虽然狒狒、类人猿及自闭症儿童都无法通过"错误信念任务"，但是狒狒和类人猿能够呈现出较强的社会交际能力，而自闭症儿童却被隔绝在社会之外。

大脑和新皮质的那些事儿

菲尼亚斯·盖奇（Phineas Gage）是一个不朽的名字，而他本人压根儿没想过要以这种方式留下名声。他没有留下什么可用以纪念的东西，不管是实体形象，还是华丽的交响乐，又或是精美的画作。他只是作为一个神经心理学的经典案例被记录了下来，自他本人去世起，一个半世纪以来，一代又一代的心理学学生都在学习着他的生平概略。另外，他的少量遗骨也在供研究使用。

盖奇曾经在美国东北部佛蒙特州卡文迪许附近当一个铺设铁轨的工头。他凭借自己坚强的个性和出色的能力，将手下的筑路队打造成了纪律严明、效率一流的队伍，其中自然少不了各种连哄带骗、威逼利诱——这绝非易事，筑路队里大多数都是倔强、暴躁、不合群的家伙。1848 年 9 月，盖奇的宿命悄然降临。他准备切割岩石，正拿着一根不到一米长的金属棍往岩石上的窟窿里放炸药。这时候，炸药意外走火，爆炸的力量使得铁棍直接贯穿了他的头盖骨，并削去了一大块额叶皮质。①

盖奇奇迹般地活了下来。但在恢复后，他的个性完全改变了。那个曾经将一群酗酒的硬汉收拾得服服帖帖的工头，突然再也搞不定各种社会关系了，而且无法完成工作。他变得喜怒无常、轻率无礼，还总是骂骂咧咧，变成了一个急躁、固执、任性的人。据某些报道说（尽管可能是虚构的），盖奇在事故过后的第 12 个年头因醉酒而亡，身无分文地撒手而去。

盖奇的案例在神经心理学史上具有重要意义，原因在于它揭示了额叶皮质的功能。额叶皮质是大脑外层的一部分，处于眼睛上方、耳朵前方的位置。我们很早就意识到，这个区域

① 盖奇的头盖骨在死后被保存了下来，这使得人们可以利用现代计算机技术，重建当时那根铁棍的贯穿路线。这也使得人们可以推断出他的额叶皮质的哪一部分受损了，哪一部分尚且完好。

是意识活动的"发源"地，与各种智力活动、特别是与人际交往有关的行为有着紧密的联系。然而，盖奇的经历还告诉我们，即便是失去大脑中这个区域的大部分，人类照样还能活下去。这个区域跟人类的日常生存无关。毕竟，盖奇在事故发生后还活了十几年！尽管他在事故后的生活并不像早年那样丰富多彩，但也绝不能说他不快活，至少他自己还是很满意的，至于周围人喜不喜欢他的为人处世，盖奇并不在意。无论如何，这个案例说明，大脑中的这个区域在人们与变幻莫测的社会环境打交道时，起到了至关重要的作用。

盖奇的故事还提醒我们，身为社会人，我们每日的所作所为，又何尝不是在社会灾难的边缘玩摇摇欲坠的平衡游戏。人类之所以能够维持住社会群体的凝聚力，很大程度上要依赖于大脑的额叶皮质，而这其中不管有着什么样的心理过程，最终都必须是大脑活动的结果。我们所体验到的意识，只不过是经由相互连接的神经元交换电化学信息后，大脑中的各种电信号一起涌现出来的产物罢了。而我们可以回想、反思这些事件（所谓"自我意识"），是因为我们具备心智能力，可以游离于当下的现世经验，还可以检视心扉、扪心自问。说到这里，我们可以问一句：我怎么知道自己知道某些情况？为什么又只有人类才能做到这一点？

为了寻找这个问题的答案，我们需要关注一个可能的线索：灵长类动物的社会群体大小与该物种大脑皮质（neocortex，特指新皮质）的相对大小有关。新皮质相对较薄（大约6毫米厚），包裹着所有脊椎动物都拥有的"爬虫脑"内核（reptilian brain）。这层新皮质所包裹的东西，在哺乳动物身上一般占大脑总容量的10%～40%，原猴亚目（prosimians）动物至少在50%以上，人类则可以达到80%。简单来说（但有可能不是非常恰当），新皮质负责思维，而灵长类动物拥有独特的大号新皮质。

在灵长类动物进化的过程中，大脑是从后向前不断扩展的，因此现代人额叶占大脑的比例是在增加的。大脑后部和两侧的部分主要负责视觉以及感官知觉、感觉统合和记忆等其他方面，而额叶增加的部分主要负责像猿和人类这样的动物所拥有的高级智慧。当然，我们不能简单地把功劳都归于额叶，因为大脑实际上是一个高度集成协作的器官，新皮质的各个部分之间存在着复杂的相互联系，新皮质和一些原始的大脑部分（特别是处理情绪和对情绪暗示做出反应的大脑边缘系统）之间更是如此。然而，我们把问题简单化后，再去理解人类和其他灵长类动物之间的认知能力差异时，就有了一个够用的基础。

灵长类动物的社会群体大小与新皮质的体积之间存在着相关性，而为了能够处理社会群体内的复杂关系，大脑又被推动着朝越来越大的方向进化。当下，人类所能驾驭的社会群体的规模与其他灵长类动物很相似，大约为 150 人：这是一个人所认识并能有效维持关系的数量——这并不包括平时的点头之交，也不包括仅仅与你有单纯的业务往来的人。150 又被称为"邓巴数"。对黑猩猩来说，这个数量平均在 50 ～ 55 只，究其原因，就是它们的新皮质所占大脑的比例较小。

有研究证明，随着灵长类动物进化过程中大脑容量的增加，新皮质的各个部分并没有等比例地扩展。新皮质中负责感官处理的区域扩展的速度要慢一些，而额叶中负责非感官功能的区域扩展的速度要快一些。想想看，对一台计算机来讲，如果负责输入的部分比负责分析解释从相关设备而来的信号的部分要强大，其实是没有任何好处的。对大脑而言，输入就相当于从眼睛、耳朵、鼻子等各器官感知到的信息。这样一来，如果新皮质作为一个整体越来越大，而且扩展的速度要快得多，那么就必然有越来越多的剩余容量留给额叶并被用于更加高级的能力，换句话说就是类似心智理论能力这样的社交技能。聪明的小伙伴会越来越聪明，猴子、猿、人类，概莫如此。猴子额叶中的剩余容量的大小，只有在其脑容量的大小发展到能与大型类人猿相比拟时，才会出现明显的增长（这可以用来解释为什么猴子不具备心智理论能力）。现代人类额叶中的剩余容量则是大型类人猿的 4 倍，而且是以指数级增长的。

诸多临床证据都证实，大脑中额叶对"读心"能力的发展起着举足轻重的作用。例如，由于事故或者中风而导致额叶功能受损的病人，必定会丧失社交能力。在某些案例里，病人只是丧失了起码的社交礼仪，待人接物就和阿斯伯格综合征患者一样，总是在浑然不觉之间就冒犯了他人。在另外一些案例里，比如不幸的菲尼亚斯·盖奇，则性格大变，变得更加好斗、自私、冷漠。

近来，现代科技的发展可以让我们更加深入地探究大脑的运作机制。此类技术主要基于以下合理假设：当大脑的某一部位活跃时，这个部位将消耗更多的氧气，通向这个部位的血流也将增加。而大脑内流经各末梢的血流可以由大脑周围的电磁场或者电子的发射频率间接测量出来，只要有一台强大的记录仪来捕获这些信息就够了。通过这些对大脑活跃性的研究，人们发现被试从事与社会认知相关的活动时，大脑额叶的不同区域的确表现出了异乎寻常的活跃性。而当被试从事一些简单的思考活动，例如辨认形状、阅读文本时，就看不到这种异常现象。

总的来说，上述结果表明，由于猿和人类脑容量的增加，剩余容量随之大幅增加，使得进化出更加高级的社会认知能力成为可能。**在进化过程中的某一个阶段上，原始人类终于积攒了足够多的剩余"计算力"，从而突破了对心智的认知。**原始人类也终于开始利用二阶和三阶意向性来理解大千世界。这是一次伟大的变迁。

那么问题又来了：我们的祖先是什么时候完成了这次变迁？是否存在某条界线，只要跨过了这条线，心智理论能力和高阶意向性就呼之欲出了？当然，简要的回答是：很难说。不管是大脑还是行为，又或者说是精神状态，都无法以化石的形态保存下来。然而，我们可以借助一些相关研究，例如在本书中我已经讨论过的原始人类的大脑容量变迁，大脑整体的容量至少可以帮助我们获得大脑各个部位尺寸的相对概念。

如果我们将猴子、猿类以及现代人类的意向性能力水平与它们的额叶相对尺寸同时放在一张坐标图上，我们会发现一条完美的直线。猴子处于一阶，猿类处于二阶，现代人类则为五阶。利用这条直线，我们还可以推导出三阶意向性所要求的新皮质尺寸是多少，然后再去原始人类的化石中寻找对等的大脑容量。从古生物化石入手，我们可以精确地测量大脑容量（头盖骨比大多数骨骼都要坚硬得多，保存得也更好），这样就能绘制出原始人类心智理论能力的演进模式了。

将这一关系映射到图 1-2 中的大脑容量变化图上，并对大脑总体积和额叶体积之间的关系进行必要的调整，我们就可以得到图 6-1（详见第 6 章）。结果表明，200 万年前在直立人当中首次出现了三阶意向性，四阶意向性则要等到约 50 万前，在早期智人身上才会出现。然后，在人类谱系里，由于大脑容量增长很快，五阶意向性很快就出现了。值得注意的是，尼安德特人和克罗马农人与他们同时代的人类一样，其脑容量已经足以支撑五阶意向性了。或许，尼安德特人并不像人们说的那样智力低下。

尽管更高的心智化水平的物质基础很早就准备好了，但很可能，高阶意向性出现的时间还是很晚的，最早不会早于智人的出现，而高阶意向性恰恰是人猿分化的标志。尼安德特人的脑容量和人类是否一样不重要，重要的是大脑的组织结构是否一样。尼安德特人所特有的头盖骨后部隆起的部分表明，他们的大脑中负责视觉的部位可能要比我们的大很多。的确，尼安德特人的眼睛相对来说要大很多；如果真是如此，那么他们的额叶体积就很可能比我们要小，他们的社会认知能力就会因此受到极大的限制，特别是四阶意向性能力（我们和尼安德特人共同的祖先——早期智人已经具备了相应的脑容量）。如果上述分析都是正确的，那么五阶意向性能力以及所有与之相关的复杂的社会现象，就只能等到 20 万年前，真正解剖学意义上的现代人出现以后了。

通过本章节我们知道，尽管猿类和人类拥有某些共同的高级认知能力，两者还是存在着天壤之别：人类可以将感知到的现实世界和自我的心理世界区分开。只有人类才能不断反省自己看到的世界，并叩问世界是否可能会是另外的样貌。相比之下，猿类以及其他动物就只能拥有直观的体验，它们只能眼见为实、活在当下，只能对眼皮底下发生的事情做出反应。在后文中，我们还会看到这一点所产生的影响。

THE HUMAN STORY

A NEW HISTORY OF MANKIND'S EVOLUTION

03

伴侣关系，
我们选择了稳定的一夫一妻制

一夫一妻制是对伴侣双方忠诚度的极大考验，
在动物界并不常见。

我们时常混淆"行为发生的原因"和"进化的结果"两个概念。某种行为的目标是将遗传适合度最大化，这并不意味着这种行为的起源也是由遗传决定的。能够做出决定以采用某种行为方式，这种能力可能是由遗传决定的，但所做出的决定本身并不一定是由遗传决定的。正是因为具备这样的能力，某个生物体才能评估各种可能的行为所带来的投入与产出，并在权衡利弊之后做出自主的决定。

　　生物学中当然有普世的规则，但是这些规则应用的环境是因个体、时间而变的。所谓的最优策略，一定与个体所处的环境有关，策略实施的结果也一定是因地制宜的。没有绝对意义上的正确方式，只有特定的个体。

戈迪①听到身后传来一阵微弱的干树枝断裂的声音，它猛地紧张起来。戈迪仔细地环顾了周围，目光迟疑地落在了灌木丛上。四周静默的空气压得它喘不过气来，然而，除了远处的一只钟雀时不时地展开阴郁的歌喉召唤伴侣以外，再没有其他动静。戈迪慢慢放下心来，或许只是一场虚惊吧！它又重新开始吃东西。但就在这时，一个阴影从它的眼角掠过。

　　突然之间，四面八方的树叶似乎凝聚成了一团团黑影。戈迪马上就反应过来：它被一群凯瑟克拉（Kasekela）族群的雄性黑猩猩伏击了。戈迪跃上头顶的树干，拼命地想要逃出这一团团黑影。但太晚了，慌乱之中戈迪手一松掉在地上。立刻，它的脑袋"嗡"的一声，撞

① 戈迪是珍妮·古道尔在坦桑尼亚对黑猩猩进行研究时，给一只黑猩猩取的名字。戈迪属于卡哈玛（Kahama）族群。

击使得它根本来不及爬起来，只能喘着粗气、呆呆地躺在地上。而此时，周围那帮孔武有力的黑猩猩已经开始尖叫着对它拳打脚踢起来。

群殴持续了 20 分钟，这帮张牙舞爪、毛发耸立的雄性黑猩猩才停下手来，撤回到树丛中去了。就跟来时一样，它们又悄无声息地回到了北边的领地里。

戈迪仍然躺在地上，遍体鳞伤、血流不止。它还没有从打击中回过神来，半小时后才拖着受伤的身体坐起来。它的胸部、头部都遭受了前所未有的打击。刚才其中一个袭击者恶狠狠地拉扯过它的一条胳膊，现在这条胳膊也断了，毫无知觉。强烈的口渴感传来，戈迪打起精神，慢慢地、小心翼翼地朝小河边挪去。一天以后，它终于支撑不住，在河边死去了。

20 世纪 80 年代最令人震惊的事件就此拉开序幕。在坦桑尼亚西北部贡贝国家公园（Gombe National Park）的坦噶尼喀湖（Lake Tanganyika）边上，凯瑟克拉族群的雄性黑猩猩对它们的邻居发起了一次蓄意袭击，面对毫无戒备心的卡哈玛族群，这些黑猩猩大肆发泄、痛下杀手。接下来这种模式多次重演，直到卡哈玛族群的 6 只雄性黑猩猩全部惨遭蹂躏，受伤致死。

这个消息迅速传开了，整个学术界都目瞪口呆。在此之前，人们从未在任何灵长类动物中发现过此类行为。偏偏这种事还发生在迄今为止还生活在伊甸园中的黑猩猩族群里。的确，雄性黑猩猩们偶尔会有侵犯行为，但都是些孤立的事件，充其量就像是男孩子周六下午在足球场看台上咋咋呼呼罢了。这些袭击让我们彻底改变了对黑猩猩的看法。更令人发指的是，卡哈玛族群的所有雄性都曾是凯瑟克拉族群的一员，它们是在几年前才搬出去自立门户的。也就是说，黑猩猩们干的是凶杀旧友的勾当。

不过，这件事又有什么值得大惊小怪的呢？毕竟，以人类的标准来看，贡贝事件并不算什么。看看人类吧！1916年7月1日，索姆河会战（Battleof the Somme）爆发的第一天，黑格将军率领的英军就遭受了58 000人的伤亡（1/3阵亡）。第二次世界大战期间，仅仅在5年多一点的时间里，纳粹总计枪毙、毒杀、焚烧和折磨死了约600万犹太人，还有同样数量的吉卜赛人、斯拉夫人以及其他"不受欢迎的人"。19世纪末，在征服刚果的过程中，比利时利奥波德国王的走狗们孤注一掷，杀害了约600万人。而1993年至2003年间的刚果大屠杀事件，在本书写作的时候，已经造成了约500万人丧生。

在人类的近代史中，此类种族灭绝事件数不胜数。1947年，印度教徒和穆斯林教徒的大规模冲突持续了数月，终于导致了印巴分裂；

1917 年，奥斯曼帝国屠杀了数以百万计的亚美尼亚人；其他还包括：刚果（加丹加省）、尼日利亚（比夫拉）、安哥拉、乌干达、黎巴嫩、北爱尔兰、卢旺达、刚果（又是刚果！这次国名改成了扎伊尔）、波斯尼亚、索马里、科索沃、刚果（金）……类似的例子还有 1937 年日本在中国制造的南京大屠杀，总计造成超过 30 万平民遇难，约 8 万名女性遭强奸。

如果我们继续在历史的长河里向前追溯，这张让人类蒙羞的单子还可以列很长。巴尔干半岛纷争不断，陷入了无尽的"血债血还"的循环之中，先是斯拉夫人攻打土耳其人，再是土耳其人攻打斯拉夫人，然后就是斯拉夫人相互之间冤冤相报。再向前倒推回去，我们还可以看到西西里晚祷事件（Night of the Sicilian Vespers，1282 年西西里岛人起义，屠杀法国安茹王朝的占领者）、征服者威廉（William the Conqueror）发动的北方大浩劫（harrying of the north）、诺曼征服（Norman Conquest，英格兰），而北方大浩劫只不过是诺曼征服的余波而已。继续前推约 70 年，我们还可以看到由英格兰国王埃塞尔雷德二世（Ethelred the Unready）下令发动的针对维京人的圣布莱斯日大屠杀（St Bryce's Day massacre）。

在中世纪及中世纪之前，犹太人遭受过的杀戮不胜枚举，已无须赘言。而宗教改革和反宗教改革运动所催生的宗教迫害，更是与欧洲人如影随形。混乱、惨烈的 30 年战争（Thirty Years War）勉强只能算北欧各地的军队发怒时的横冲直撞，他们偶尔会大肆杀戮，但更多的时候还是拿穷困潦倒的农民来发泄报复。1209 年，在罗马教皇英诺森三世（Pope Innocent III）的指使下，一支由 3 万名骑士组成的声名狼藉的阿尔比派十字军（Albigensian crusade）扫荡了法国南部朗格多克（Languedoc）的卡特里派教徒（Catharheretics）。城市被整座整座地夷为平地，庄稼被毁灭殆尽，财产被洗劫一空，居民们更是尸殍遍野。

在贝济耶（Béziers），几天之内，1.5 万人死于非命，而当时很多人正躲藏在教堂之内寻找避难所。之后，佩皮尼昂（Perpignan）、纳博讷（Narbonne）、卡尔卡松（Carcassonne）、图卢兹（Toulouse）等法国南部城市统统都难逃厄运、无人幸免。天不悯人，1572 年 8 月，法王麾下的天主教军队又制造了臭名昭著的圣巴塞洛缪大屠杀（Massacre of St Bartholomew），一周之内，10 万名新教胡格诺派教徒（Huguenot）被斩杀殆尽。当这个消息传到罗马的时候，当地人居然大肆庆祝、炮声隆隆、鼓乐齐鸣，罗马教皇格列高利十三世（Pope Gregory XIII）甚至还为此专门铸造了一枚纪念章。

千万不要以为上述事件都只是欧洲基督教世界的传统而已。在《圣经·旧约》的《士师记》中，连绵不绝的战斗和起伏不定的命运充斥其中，数以万计的生命在国家之间的征伐中灰飞烟灭。历史由胜利者书写，胜利者的功绩固然可以大书特书，但也不该对其中的苦难视而不见。耶弗他（Jephthah）所招募的基列人（Gilead）对业已战败的以法莲人（Ephraimites）仍然毫不留情，四处驱逐追捕，并不容忍以法莲人想要融入当地人的任何举动。甚至，基列人还强迫以法莲人说"示播列"（shibboleth）这个词，如果咬字不清楚，只能发出哑音，把"示播列"说成了"西播列"（siboleth），立刻格杀勿论。而在英皇钦定本《圣经》中，《士师记》的作者只是以一种平静的口吻记载道，"那时被杀的以法莲人有4.2万人"。

几个世纪以后，借由罗马人之手，同样的一幕再次上演，只不过这一次厄运落在了胜利者的后裔身上。公元135年，经过一场旷日持久、令人沮丧的战乱之后，罗马将军尤利乌斯·塞维鲁斯（Julius Severus）总计摧毁了50座要塞、985个村庄，杀害了约50万居民，最后将当时的巴勒斯坦彻底毁灭，由西蒙·巴尔·科赫巴（Simon Bar Kokhba）所率领的起义军游击队也终于被镇压了下去。又过了十几个世纪，时间到了1826年，祖鲁王国的5万精兵——他们都是声名赫赫的首领沙卡（Shaka）的将士，按照同样的套路，对其最大的敌人恩德万德维部落（Ndwandwe）展开了大屠杀。英国商人亨利·弗林（Henry Flynn）曾被迫目睹了这一场景，他后来回忆道："在90多分钟的时间内，祖鲁人就杀掉了4万名男子和妇孺。"

跟人类的暴行比起来，一小撮雄性黑猩猩的举动实在不值得大惊小怪。

或许卡哈玛族群黑猩猩的遭遇本身就足以让我们大吃一惊了。人类一直相信（这里面肯定有很多是《国家地理》系列纪录片的功劳），黑猩猩代表着一种大自然恩赐的、平和纯洁的生存状态，而人类的堕落，是在亚当吃下了夏娃给他的"智慧果"之后才发生的事情。

森林里的田园牧歌

起初，我们都认为野生黑猩猩过着田园诗般的生活。一般情况下会有 50 ～ 80 只黑猩猩在一起群居，它们要么是在森林中找水果或浆果吃，要么是在树上的安乐窝里懒洋洋地待着，要么是在利用精心制作的草杆儿钓白蚁，要么充分发挥其传统美德，潜心照顾淘气的后代，彰显母性光辉。总之，这些场景太诱人了。在一个黑猩猩种群中，性格温和的芙洛是其中的母亲，培育了法宾和费冈两个儿子（后者成了族群的雄性首领）；小女儿菲菲在珍妮·古道尔来之前才出生，芙洛常常慈爱地跟它一起玩耍。当菲菲有了自己的第一个孩子弗洛伊德的时候，芙洛更是以"骄傲的祖母"的身份照料着它。这里的生活悠闲、慵懒，在地面上尽享浮生也十分惬意。头顶上微风习习、暖意阵阵，脚底下则花开遍野，昆虫们在其间东奔西忙、心满意足。很多震惊世界的新发现就来自这样的环境，比如，黑猩猩们会钓白蚁，会制造工具，会使用工具。再比如，当菲菲撒娇、发脾气的时候，芙洛还懂得去胳肢菲菲的痒痒肉，以此来转移它的注意力。

有时候会有一两只胆大包天的雄性黑猩猩跳出来挑战整个族群的等级制度。当这些雄性在那里气势汹汹、横冲直撞的时候，树林底部的植物被糟蹋得一塌糊涂，无辜的雌性和幼崽也会跟着遭殃，一不小心就被撞得七零八落。这些雄性手里还挥动着各式树枝、甚至是一整棵小树，张牙舞爪，丝毫不在乎会砸在谁的身上。每到这个时候，不管是看热闹的其他黑猩猩，还是人类观察员，都会忙不迭地寻找藏身之所。这种骚乱来得快、去得也快，只要雄性黑猩猩的荣誉感得到满足，剩下的就是斗殴的主角们精疲力竭地坐在某个树杈上，趾高气扬地生闷气了。在人类世界，这就仿佛是星期六深夜，一群躁动喧闹的年轻小伙子驾驶着摩托车在乡间的公路上来了场竞速赛。而星期日早晨做礼拜的时候，一切都像没发生过一样。

在这样的争斗中，有时还真有些个体显得特别足智多谋，比如一只名叫迈克的黑猩猩，虽然它的体型比大多数贡贝的黑猩猩要小，但是它发现，通过把珍妮·古道尔留在露营地附近的空煤油罐丢来丢去，就可以恐吓那些对手。除了可以制造"哗啦哗啦"的噪声外，这些煤油罐的确能给对手造成伤害，尽管大多数都只是皮外伤。迈克就是这样靠智慧而非武力获得了首领的位置。

与此同时，几百公里以外，在位于卢旺达的维龙加火山群中的高山森林里，戴安·弗西（Dian Fossey）等人在大猩猩身上也发现了类似的情形。实际上，正是由于在卢旺达的这些研究，大猩猩才摆脱了长久以来的不实之名。这要首先感谢乔治·夏勒（George Schaller），一位令人肃然起敬的美国生物学家，然后就是戴安·弗西和她的学生。过去，一说起大猩猩，人们首先想到的就是电影《金刚》中的形象。人们所听说的，要么是猎人们被保护眷属的雄性大猩猩愤怒地攻击的传奇，要么是小孩子（有时还有妇女）在偏僻的村子里被森林中的大怪猿猴偷走、吃掉甚至强奸的故事。的确，大猩猩体型那么巨大（成年大猩猩体重达 140 千克），捍卫雌性的决心那么坚定，都让人不得不这样联想。一只成年的大猩猩全力冲下山坡时，场面颇为惊心动魄，特别是当大猩猩突然发现，陡峭的山坡再加上自身的体重导致它已经停不下来的时候，它自己也会愈发惊慌失措。

从 20 世纪 60 年代起，经过了一系列严肃的科学研究之后，大猩猩世界的真相才日渐展现出来。它们的生活其实相当枯燥乏味，就是日复一日地嚼那些倒胃口的草本植物，肠胃"咕噜咕噜"响个不停，有空就在中午的时候打个盹儿，或者点到为止地来回巡视山坡上的荒野。单个的大猩猩族群并不大（一般少于 10 只），相互之间团结一致，关系显得非常融洽，简直可以用"温和的巨人"来形容它们。这么一看，大猩猩的世界更像是一个垂垂老矣的过气贵族在海边留下的小屋，质朴宜人。

唯一有些与众不同的是猩猩。一批热心的年轻动物学家和人类学家在婆罗洲和苏门答腊对猩猩展开了研究，他们很快就给这些猩猩取了个绰号叫"红毛"（red ape）。起初看起来，"红毛"们使得美妙的田园生活增色不少，它们不善交际，大多数时间在岛上的森林里独来独往，顶多拖着个嗷嗷待哺的孩子。但是研究者发现，雄猩猩在游荡的时候一旦偶然相遇，就有可能会爆发激烈血腥的斗争。而且很显然，某些雄猩猩还有一个令人深恶痛绝的嗜好：强奸。

体型较大的雄猩猩通常会坐等雌猩猩主动投怀送抱，而体型较小的猩猩就没有这么矜持了，它们热衷于"霸王硬上弓"。由于雌猩猩的体重只是雄猩猩的一半左右，连一只小猩猩都打不过，旁边的观察者们也只能眼睁睁地看着雌猩猩反抗未果、避无可避。

做爱而不作战

要说最具田园风格的，还要属倭黑猩猩。这一点在人们对野外生活的倭黑猩猩首次展开研究后被加以证实。20 世纪 70 年代，一批来自日本的野外工作者被他们在刚果盆地的发现弄得面面相觑：似乎倭黑猩猩天天不干别的，只关注交配这一件事。毫不夸张地说，它们做起这事来可谓见缝插针、恣意而为——雄性与雌性、雌性与雌性，甚至偶尔还会出现雄性与雄性。在这个绝无仅有的性自由的世界里，性行为早已不只以繁殖为目的，交配同时也是舒缓紧张、增进友谊的手段，甚至成了购买食物的"硬通货"。一只雄性倭黑猩猩如果发现了一棵结满果实的果树，它就会长时间坐在那里、守在树下，哪只雌倭黑猩猩要想染指树上的水果，得先委身于它才行。

日本研究者们对黑猩猩的研究经验非常丰富，可谓见多识广，但他们从未见过此种景象。倭黑猩猩沉溺于交配的现象在动物王国里非常独特，与人类颇为相似。之所以这么说，是因为它们经常采取传教士体位的性交方式——除了人类，我们还没有发现别的动物也这么干。还有一个情况相当令人不安，成年的倭黑猩猩，无论雌雄，经常会与一两岁的幼崽发生性关系（主要是非插入式性行为）。

人们对倭黑猩猩的第一印象多是它与黑猩猩截然不同。大多数作家把它描述为一种平和、友爱、善良、无忧无虑的素食动物，而贡贝和其他地方的黑猩猩则是一种好斗、孤僻、凶暴、易怒的肉食动物。的确，倭黑猩猩的世界更加平和，很少出现贡贝常见的血腥场面。倭黑猩猩会更多地利用一切交配的机会来构筑和谐社会，在这一点上，它们还真的更像人类，而不像黑猩猩那样把交配搞成了单纯无趣的繁殖活动。

但是，倭黑猩猩令人羡慕的"温和"名声，可能并不像看上去那么纯洁无瑕。雄性倭黑猩猩被逼急了，也会变得像黑猩猩那样残暴。在倭黑猩猩的世界里，雄性笼罩在雌性的影响力之下，绝不会事事顺心。而雌性在环境影响下也会相当地聒噪不安——艾米·帕里什（Amy Parish）在他的摄影观测中就曾发现，一只雌性倭黑猩猩被雄性的过度骚扰搞得不胜其烦，盛怒之下一口咬掉了雄性倭黑猩猩的阴茎。当然，除了身体上的侵犯，雌性还能享受到某些不对称的好处，别忘了，它们拥有雄性垂涎三尺的一样东西——性的处置权。简单说来，由于雌性很擅长随心所欲地与任何个体交配，雄性可不敢冒着惹恼雌性的风险，否则它们就会被打入冷宫。

如果再进一步观察，我们会发现，倭黑猩猩之所以保持着温和的生活态度，除了它们的秉性以外，周围环境的影响也至关重要。倭黑猩猩居住在中非刚果河大弯道流域的森林里，黑猩猩则大多居住在季节性的栖息地里，前者的食物来源要比后者多许多，这使得倭黑猩猩的群体规模也要更大一些。刚果森林仿佛就是一个大型超市，到处都是巨大的无花果树，果子唾手可得，动物们当然更容易聚集在一起。相反，黑猩猩居住地的季节性特点迫使它们（特别是雌性）分布得更为分散，也更容易形成小团体作为觅食单位。荷兰的灵长类动物学家弗兰斯·德瓦尔（Frans de Waal）通过研究圈养在阿纳姆动物园（Arnhem Zoo）的黑猩猩发现，只要团体足够小，雌性就更容易对雄性施加影响。群体越紧密，聚集程度越高，雄性争夺主导权的争斗就越束手束脚，因为雄性们都明白，它们要使雌性黑猩猩站在自己这边。雌性黑猩猩可以起到"雄性安慰师"的作用——尽管这么说并不确切，阿纳姆动物园里黑猩猩的老首领耶·罗恩（Yeoren）就深谙此道，在历次权力斗争中，它总是会充分借助雌性的力量，而且鲜有败绩。

不是冤家不聚头

所有这一切都让我们不由得揣测，人类的行为是否真的与黑猩猩，特别是倭黑猩猩有什么大的区别。倭黑猩猩对性的狂热跟人类如此相似，以至于我们不得不去考虑两者是否有什么共同的起源。人类和猿类相比，还有一个独特之处是固定的伴侣关系。尽管雌性黑猩猩在交配期间与个别的雄性个体也会形成一种特殊的关系（在时间上与雌性的月经周期非常吻合），但这些关系都不能持久，倭黑猩猩也做不到。

由此看来，人类还是独一无二的。男女爱恋、难舍难分，这种状态常被称为"坠入爱河"。具体表现有：对除伴侣之外的一切都不闻不问，一日不见如隔三秋；情人眼里出西施，总觉得伴侣魅力无穷，宛如天神。

人类的一夫一妻制有什么奥妙之处吗？人类为什么会选择一夫一妻制，而其他猿类却过着群居滥交的日子？

一夫一妻制在动物世界里并不少见，但在哺乳动物中还是比较稀罕的，只有在犬科动物中才相当普遍，另外还包括一些小型的非洲羚羊。灵长类动物中也有这种现象，但也只限于屈指可数的几种动物，如长臂猿、一些小型的非洲猴类等。

在一个多个雄性、雌性混居的大型社会群体中，一夫一妻制也显得有些不伦不类。所有其他力行一夫一妻制的哺乳动物，不管是犬科动物还是长臂猿，一对夫妻都是守着自家的领地、带着自家的孩子单独过日子的，它们对邻居的态度是老死不相往来，对擅入的陌生者更是针锋相对。它们以这样的方式来保证其伴侣关系不会受到近在咫尺的竞争对手的威胁。

人类则特立独行，在一个大的群体（有时甚至是非常大的群体）内保持了一种长久、持续的伴侣关系。与此相似的只有少数几种其他物种，如蜂虎科鸟类（beeeaters，一种非洲的小型鸟类，羽毛艳丽）。这种形式对伴侣双方的忠诚度是一种极大的考验，尤其雌性在群体内会经常受到其他雄性的骚扰。所以，一夫一妻制在这里就变成了配偶保卫制，雄性对雌性可谓是如胶似漆、形影不离，生怕对方被胁掠或骚扰。

在灵长类中，除了人类，只有两种动物拥有社会体系，而它们碰巧都居住在埃塞俄比亚本土。一种是生活在东北沙漠中的阿拉伯狒狒，另一种是仅在埃塞俄比亚中部高地上发现过的狮尾狒。这两种动物都是由 1 只雄性、2 ～ 10 只雌性，再加上若干幼崽组成一个一夫多妻的眷属团，再由若干家长加上眷属团汇合成一个大的族群。至少对狮尾狒来说，这个族群可以达到几百只的规模。而是否能维持稳定的伴侣关系（至少是雄性对雌性的交配权），取决于雄性之间会不会直接争夺对某只雌性的控制权。看起来似乎每一只雄性都在自觉地竭力避免彼此"偷猎"，至少大多数情况下是这样。之所以用"大多数情况"这种说法，是因为雌性自己可能会有一些别的想法。汉斯·库默尔和他的学生们对野生及圈养的狒狒进行了一系列别开生面的研究，我们从结果中能看出很多端倪。

这些研究表明，伴侣关系是否稳定很大程度上由雌性的各种"小动作"来决定：偶尔，某些雄性的确会把一只雌性从其原配偶那里抢走，但这只有在竞争者占据绝对优势的情况下，或是雌性明确给出了对眼下的配偶不感兴趣的信号以后才会发生。这样的信号通常很微妙，包括与原配偶不是那么亲密、不是那么听话之类的。

　　我自己对狮尾狒的研究显示，雄性家长对眷属团的占有权（独享对雌性的交配权）也取决于其他单身雄性如何解读雌性给出的信号。被取代的雄性将丧失繁殖权，所以决不会轻易将自己的"妻妾们"拱手相让。如果有一只单身的雄狮尾狒胆敢试图取代现任家长，场面会非常血腥，双方必定会短兵相接。争斗的结果是由大多数雌性是否愿意抛弃原配偶、另觅新欢决定的。在争斗的间歇期，敌对的雄性双方都会千方百计地讨好各位雌性。竞争者自然希望能劝服雌性改弦易辙，为自己梳理皮毛；现任家长则上蹿下跳，似乎要弥补自己过去的过失和冷淡。这就好比是一个男人，在酒吧里跟一群狐朋狗友鬼混到很晚，回家的时候手里捧着一盒巧克力。对雌性而言，整个过程就像是一次民主投票：只要有超过半数的狮尾狒愿意为新来的竞争者梳理皮毛，剩下的就会马上如法炮制。到了这份儿上，现任家长再心有不甘，也只能无计可施、悻悻而去。

　　在这样的"权力更迭"中，雌性的倾向所起到的重要作用在下面的例子中体现得更加明显。在大多数情况下，成功的政权更迭往往会牵扯到包含多位雌性的眷属团，而且经常有一个貌似多余的年轻雄性（又被称为"追随者"）出没其中。追随者以一种非常恭顺的姿态进入群体后，会花一到两年的时间来慢慢地与一个处于外围的雌性建立关系，并最终与其一起建立自己的眷属团。一旦权力更迭完成，成功上位的新家长就开始巩固自己与每位雌性的关系，梳毛、交配，不亦乐乎。

等新家长来到已经与"追随者"暗结连理的雌性跟前时，发现不对，自然是故技重施，对"追随者"大打出手。而"追随者"无论从年纪还是体格上都与新家长相差甚远，每次等新家长一靠近，它马上就尖声哀号、倒地求饶，毕竟原家长的遭遇还历历在目呢！然而，每到这个时候，个头只有家长一半大的雌性就会跳将出来以一个悍妇的形象冲到新家长面前。信息很明确："滚开！这是姐的男人！"来回几次这么一搞，新家长发现根本拆不散这一对露水夫妻，只得放弃：自己抢来了六个雌性，留下五个，这第六个就便宜这个小子吧。有趣之处在于，雌性在这里是在表达一种"此雄性归我"的意见，不管"追随者"如何立马投降，也不管雄性们的实力差距如何悬殊，它就是不买账。

这些现象凸显了一个事实，即这种伴侣关系还是存在诸多变数的：当这种关系存在于更大的社会群体内时，内忧外患（如突然出现一个极具吸引力的竞争者）交织在一起，就会产生相当大的压力。看起来，至少在灵长类动物的例子中，竞争者在决定是否要冒险拆散一对配偶时，它们的依据都是那些能够反映这对伴侣相互吸引的程度的信号，尤其是雌性对另一半的依恋程度。

上述的例子表明，无论是遭伴侣遗弃的风险以及相应损失的机会成本，失去已经发生的投入，还是丧失预期将带来的好处，都是非常重要的。而在人类身上，性妒忌和对遗弃的恐惧正是夫妻冲突产生的主要原因，在加拿大和欧洲一些国家开展的关于家庭凶杀和暴力的研究充分证明了这一点。

在大多数伴侣间发生的冲突之中，男性往往是施暴者，女性是受害者。但女性并不总是逆来顺受的一方。正如英国心理学家安·坎贝尔（Ann Campbell）对美国和英国女性暴力问题的详细研究表明，但凡存在失去心爱的配偶的风险，就会引发一系列敌对的举动。而男女之间主要的区别似乎是，当男人受到威胁并试图维持夫妻关系时，往往会以那些不忠的配偶为敌，而女性则倾向于向自己的竞争者发难。这也许是因为无论男女，只要被攻击的对象是男性，肢体冲突都更容易升级到不可收拾的地步。

在这种情况下，尽管女性的暴力程度比男性要低，但她们所带来的伤害毫不逊色，甚至还有可能更加残酷。女性维护其生殖权益的传统武器包括口头辱骂、人格诽谤、暴力威胁、言语欺凌以及心理战。当然，女性在肢体冲突上更加节制也许只是人类社会化的一个产物，也许是由于人类在展开性选择时，男性更倾向于选择那些娇柔的女性。的确，研究人员通过街头的随机观察发现，至少在当代英国和美国社会中，由年轻女性发起的无端攻击的频率越来越高。尽管如此，这句话还是没错：在全世界范围内，女性的暴力倾向比男性弱。

人类保护配偶纽带关系的方式，与雄性阿拉伯狒狒控制雌性配偶的策略有着惊人的类似性。如果有某只雄性狒狒总是在一只名花有主的雌性旁边晃来晃去，这只雌性狒狒的家长并不感到担心。倒是雌性狒狒成了被重点关注的对象，动不动就会被敲打一番，甚至是在脖子上被狠狠地咬一口。这是一种强烈的负反馈学习过程：很快，吃尽苦头的雌性狒狒就都学会了不要远离自家的雄性家长。

为什么说这是一种学习过程呢？有两个确凿的证据可以说明这一点。第一，随着年龄逐渐增长，雄性阿拉伯狒狒对自己的女眷们会越来越疏于管理，自然而然地，雌性们不再那么亦步亦趋，也就更容易被外来的雄性拐走。第二，库默尔曾经做过实验，他把两只雌性阿拉伯狒狒放入一群普通狒狒中（比起阿拉伯狒狒，普通狒狒的社会体系更加松散、杂乱，雌性的自由度也更高）。一开始，两只雌性都依附于某只雄性，但很快它们就学到从雄性旁边溜走也没什么大不了的，几周之后，它们就和一只普通雌性狒狒没什么两样了，都开始独立行事。接着，库默尔又把一只普通雌性狒狒放入一群阿拉伯狒狒之中，这一次的结果截然相反：很快，一只单身的雄性阿拉伯狒狒就"包养"了那只普通雌性，而雌性也很快学会了规矩，主人到哪儿就跟到哪儿。

暴力的最终结果一定会适得其反，所以，暴力只是最后的手段。往轻一点说，暴力行为会使受害者逃离的欲望愈发强烈，而往重一点说，受害者会变得兴味索然，配对的各种乐趣都成了受害者心不甘、情不愿的事情，结果必定是恶性循环、暴力升级。其实，人类经常使用的是一整套怀柔之术，在防止伴侣红杏出墙方面颇有心得。诚然，人们在两性关系中由于害怕失去伴侣而醋意大发的情况比比皆是，但至少还是崇尚攻心为上，而非一上来就诉诸武力。

那么，人类在挽留伴侣方面有哪些方法呢？比如心理操纵（不管是做苦苦哀求、痛哭流涕状，还是使出其他什么手段，总之就是刻意利用人类善良的天性），再比如"请君入瓮"（最典型的例子就是教唆女性怀孕）。当然，更干脆的方法是将配偶从诱惑之地"解放"出来，比如缠头巾、蒙面纱，以及将女人和男人隔离开来的深闺制度（Purdah），抑或是中东常见的女子用来蒙住全身的长袍等，都是男性用来阻隔女性与潜在竞争对手接触的例子。中国古代的缠足会使女性的脚严重变形，在无人协助的情况下女性连日常行走都困难，更不用说"深更半夜会情人"了。于是，缠足就成了女子忠贞不渝的象征。顺便说一句，缠足在大户人家里最为盛行，如果他们家的女儿因为偷情被抓了个现行，那可是名誉扫地、败坏家门的大事情，整个家族都会因此蒙羞。另外还有一种方式就是千方百计地引起配偶的高度关注，即借助所谓的山鲁佐德效应（Scheherazade effect）①，配偶就像听到了环环相扣的一千零一个故事一样，始终保持愉悦感和好奇心，自然对别的事情都无暇顾及了。无论采用什么方式，人们的目的都只有一个，就是从源头上尽量避免伴侣和竞争对手之间发生接触。

生育、伴侣和杀婴

人脑重量约为 1 200 克，而黑猩猩的大脑重量约为 400 克。即使把身体大小的差异考虑进去，在体型相同的情况下，折算过来人脑的尺寸是猿类大脑尺寸的 2 倍。如果是在人类和哺乳动物之间比较，这个比值大约是 6 倍。这么大的脑容量给养育后代带来了很大的负担，同时也能在很大程度上解释人类和其他动物在生物学上的差异。"大脑袋"对妊娠和分娩都提出了特殊的需求，而为了满足这些需求，人类的身体结构随之发生了很多变化。不仅如此，"大脑袋"也使得大脑发育过程中祖细胞的行

① 山鲁佐德是《一千零一夜》中的女主角。国王因王后不轨而仇恨女性，他每天都会杀一个少女，作为宰相女儿的山鲁佐德自愿去陪伴国王。她擅长讲故事，而且每天都会留下一个悬念，引得国王一直听了一千零一夜，最终被感化，不再杀戮。

为变得更加复杂。这些因素共同决定了人类的哺乳期很长，而且只有在经历了多年的后天培养和社会化之后，那个比一团湿乎乎的肿块好不了多少的"人"才能成长为一个像样的、真正的人。

大脑组织的形成和成熟是一个缓慢的过程，对类人猿来说，这意味着父母双亲的妊娠和哺育期都需要大大拉长，人类只不过更加极端罢了。人类妊娠期一般是 9 个月，但大脑的生长期还需要再加一年，然后再经过 4 年左右的时间，一个儿童才能够具备独自生存的能力。在这个过程中，不仅大脑的成长本身需要呵护，还有很多的外来威胁需要提防。在近代社会里，儿童死亡的主要原因是儿童疾病，而人生的前 5 年恰好是儿童疾病的易感染期[①]。

养育一个孩子的代价高昂，单亲父母很难胜任。即便在如今这个更开明、更富裕的社会里，孤儿和单亲父母的后代群体也有着高于平均水平的死亡率。而在早期社会中，单亲父母

① 这一点使得人们对从前人类的寿命有了一些奇怪的误解。维多利亚时代的人均寿命看起来很短，其实是被夸大了的（一般的说法是在35～45岁之间，而当代西方社会的人均寿命是70～80岁），原因主要就是头5年内的儿童死亡率非常高，从而拉低了整体的平均数。在地方的教堂墓地里转一转，你就可以发现维多利亚时代的人们只要能熬过童年，往往在60～70岁的时候还在享受晚年生活。

独自抚养孩子的后果就是高居不下的弃婴率和杀婴率。例如，在18世纪的法国城市利摩日，弃婴率和生活的困苦程度（以大麦的价格为参考）呈现出明显的相关性，无一年例外。在维多利亚时代的英国，贫困家庭，特别是单身妈妈和独居女性群体杀婴、弃婴的比例不断升高，以致议会都要花很多时间来讨论对策，并最终导致了1922年《杀婴处置法》（*Infanticide Act*）的出台。

从许多方面来说，如果站在母亲的角度来看，父亲一方的价值是由一夫多妻制实施的程度所决定的。这里所说的程度，不在于一夫多妻制的广泛性，而在于谁参与其中。从历史上采用这种制度的社会的数量来看，一夫多妻制也许是最常见的婚姻制度，但实际上一夫一妻制才是更普遍的现实安排。原因很简单，一个已婚男性必须要有足够的财力来养活更多的眷属，否则其他女性是不能成为这个男性的第二个或者第三个妻子的。许多研究中发现的证据都非常确凿地指出：平均来看，在妻子数目相同的情况下，女性所嫁之人越是富有，她的子女的成活率就越高。借助教堂里登记的人口出生和死亡情况，我们也可以非常清楚地看到，在18～19世纪的欧洲乡村，拥有土地的集中度一上升，儿童的死亡率就会下降。原因不言自明：越富有的人，越能把更多的资源投入到后代身上，而在儿童生病的时候，他们越能保证食物质量和医疗水平。

由于抚养后代所耗不菲，母亲需要确保父亲没有撒手不管，而是留在自己身边足够长的时间，这样才能成功地完成养育任务。这极有可能是驱动人类的配偶制度不断演进的基本因素。人们需要有一些纽带将夫妇双方紧紧地联系在一起来共同抚养后代，而这样的纽带在自然界中并不罕见。母性本能就是这样一种纽带，女性在分娩后，面对着一个急需照顾、关注却又完全无法沟通的婴儿时，就是靠着类似的本能度过了最开始的一段时期。等到婴儿稍大一些后，他才可以通过诸如咧嘴微笑、咯咯笑或者其他一些只有婴儿才有的本领逗得父母惊喜地发出赞叹。而在人生最初的几个月里，婴儿就跟一团无动于衷的肿块没什么两样，要生存下去，总要有些什么东西来诱导父母照顾自己，而正是分娩过程本身带来的生理上的荷尔蒙重组触发了母性本能。这真不愧是人类进化历程中的一个了不起的成就。同时，这也是一个可以用来说明为了达到某个生物学意义上的目标，荷尔蒙和情绪是如何与认知过程互动的极佳案例。

看起来我们似乎可以令人信服地解释为什么女性会"母爱满满"。但是，这跟男性有什么关系呢？当然，其中一个答案是，从进化的角度来说，男性是被迫参与到抚养后代的任务中去的，即便在很多情况下（但绝不是全部）他们只是提供资源供女性使用。尽管有很多男人会争辩说，他们最好还是待在酒吧里或者跟一个圈子里的人混在一起，但男性还是该做什么就做什么，他们必须无怨无悔地承担养育责任。

当然，在某种程度上说，男性与其配偶所承受的压力一样：如果抚养后代的任务单靠一个人是肯定完成不了的，那么逃避责任的男性一定比那些积极参与、留下后代的男性要失败，不管这种参与是以直接的方式，还是以创造财富、养家糊口这种间接的方式。所以，男性也需要某些因素来让他们专注于此。利用和女性相同的生理及荷尔蒙机制是一个好办法，毕竟这在女性身上已经被证明是行之有效的。但对男性来讲，还有另外一个因素会带来压力：婴儿被杀的风险。如果一个男性抛妻弃子，成天泡吧或者沉湎于与其他女性厮混，那么外来男性乘虚而入、占有他的妻子的风险会大为增加，而这个新的男性极有可能杀掉婴儿，以图繁殖属于自己的后代。

有一个很奇怪的现象值得注意，也就是"杀婴"这个主题已经在进化生物学的研究里造成了太多的大话、空话和废话。大部分此类表述都是建立在误解的基础之上的，除了混淆视听之外一无是处。所以，讲到这里，我要稍微停顿一下，把"杀婴"尽可能地讲述清楚。

一般来说，在哺乳类动物中，母亲何时能够重新具备生育的条件是由婴儿的哺乳期决定的，而婴儿何时能断奶，又是由其大脑何时能发育完成、何时能独立生存决定的。大脑组织的形成速率非常缓慢，而且似乎所有的哺乳动物的速率都差不多，这样一来，灵长类动物的大脑袋就必然导致雌性的产后闭经期延长，相应的两次生育之间的间隔会比较长。例如，在猿类中，雌性每 5～8 年生育一次。人类是一个例外，其典型的生育间隔比其他猿类要短得多。然而，工业化前的社会中女性平均的生育间隔也有 4 年左右。只是在后工业化社会中，由于奶瓶喂养方式和商业婴儿食品的出现，断奶期提前成了一种常态，女性的生育间隔才降低到了 12～18 个月。

从针对人类和其他灵长类动物的人口统计中可以看到，这种急于求成的做法所需付出的代价也是很明显的。例如，在 18 和 19 世纪的德国乡村，第二胎婴儿在第一年的存活率与其哥哥姐姐的年龄存在着直接关系。二胎出生得太早的话，其死亡率会大幅上升，主要原因是母亲无法同时抚养两个婴儿。我们从生活在非洲西南部的桑人身上也可以得出同样的结论。桑人的母亲们对哺乳期之内的性行为有着严格的文化禁令，这样她们就将生育间隔控制在了 4 年左右；而如果大大低于这个间隔期，婴儿的存活率就会明显下降。当然，在所有的社会中，女性们都努力想营造一个最优的生育间隔，但这并不是她们能控制得了的。同时，所有的母亲都会竭尽全力保护后代，但都"心有余而力不足"，毕竟身体条件摆在那里，如果负担太重，大量脂肪和肌肉流失，身体就会自动中断产奶。总之，凡是生育二胎的母亲都不可避免地身体更虚弱、依赖性更强。

而雄性遇到的问题是，不管是灵长类、人类还是非人类雄性，它从别的雄性那里争取来的雌性如果正巧处在妊娠期或者哺乳期，在其断奶之前，它根本无法与其交配生子，而要等待的话，或许一等就是好些年。在一个雄性竞争"专属繁殖权"的社会里，雄性的有效专属繁殖期可能要比它的寿命短很多。原因在于，通常等雄性费尽周折获取了一个"眷属团"后，它的岁数已经相对较大了，性能力开始走下坡路，而这时它自己被抛弃甚至被杀死的风险会上升。如果它的有效专属繁殖期比一个生殖周期（前后两次生育的间隔）短的话，它所面临的局面就是：不杀婴，则无子。相反，如果除掉现有的婴儿的话，雌性几乎马上就会恢复月经周期。在所有的哺乳动物当中，无论是马鹿（Red Deer）还是人类，婴儿吃奶的吸吮行为都起到了阻止母亲月经周期恢复的作用。只要吸吮的频率高于4小时一次，母亲的荷尔蒙就会受到干扰，无法产生管理月经周期的促性腺激素。这也就是某位母亲从母乳喂养转为奶瓶喂养后，会很快重新开始行经的原因。

基于上述原因，在所有的哺乳动物中，人们已经发现了广泛的杀婴现象，其中以灵长类动物最为突出。例如，在大猩猩中，据估计有30%的幼崽在出生后被雄性杀害。在某些亚马孙流域的部落中，高达45%的婴儿无法存活至5岁，其中大多数是由于杀婴造成的。而在巴拉圭的亚契人当中，男人们的行事方式非常直接和露骨：如果接手了某个男人的前任配偶，他们会表示无力养活这个男人的孩子，所以，如果不能对孩子加以保护，那就干脆弄死他，任凭孩子的母亲百般抗议也无济于事。对此，这些男人也没有什么道德上的纠结，这只是一种生存方式而已，当然也是一种繁殖方式。而对母亲而言，从长远来看，她也需要与新的配偶尽快建立起一种稳定的性关系。这种情形也许会让西方人倍感严酷、冷漠和震惊，但他们对孩子的态度其实也是受到了过去一个世纪以来家庭规模急剧缩小的影响。现在一个家庭通常情况下有两个孩子，这已经需要我们全力以赴地对每一个孩子都投入更多的精力，而其实并不一定非要如此。

当然，这些例子都比较极端，大多数的社会或者种群都没有这样出格的现象。如果真的有社会或者种群将其当作一种常规的手段，那它们离绝种也不远了。然而，事实就是事实，再掩盖也不过是使其在平静的表面下暗潮涌动罢了。西方人近乎洁癖的拘谨使得他们更倾向于抹杀和否认这些现象，而不是试图去理解和解释它们。至关重要的是，从进化的角度来看，问题不在于大多数婴儿在大多数的社会或种群当中都可以存活下来，而在于杀婴现象终究还是发生了。在某些特定条件下，杀婴现象可能会达到相对严重的比例，这对于物种行为的诸多方面都会产生强烈影响，其中之一就是伴侣关系。为幼崽或未成年儿童提供保护是雄性的本分，而雄性保护自己的基因使其能够在将来遗传下去更是一种重要的、额外的选择压力，伴侣关系的形式就是在这种驱动力下不断向前进化的。一些详细的分析，包括一些数学模型，都说明了杀婴是长臂猿和大猩猩的伴侣关系缘何而来的最有可能的一种解释。

人类的伴侣关系并不是一成不变的，其他物种也是如此。有充分的证据表明，伴侣之间的情感纽带可以而且的确会随着时间的推移而破裂，结果就是伴侣散伙、夫妻反目。在巴拉圭亚契人的社会里，一个成年人终其一生平均会建立十余次伴侣关系，每次持续几个月到几年不等——这也许并非是狩猎采集社会中的一种特例。诚然，他们并没有将伴侣关系制度化为婚姻，但在西方社会，人们不也正越来越趋向于淡化正式婚姻的必要性吗[①]？

无论如何，杀婴绝不是故事的全部：作为一种独一无二的灵长类动物，人类为了成功地养育后代，需要父母双方共同的艰苦付出。在考虑到身体大小的差异后，人类女性生孩子所需的能量消耗要比黑猩猩高大约10%，原因还是人类婴儿的脑袋要大得多。此外，人类婴儿的移动性要比其他灵长类动物低得多，他们依附于母亲的时间也要长很多。这一方面反映出

① 传统社会中人们的配偶的数目看起来很多，这不仅反映了伴侣关系随着时间的推移而产生的自然解体，也反映了配偶经常会由于疾病或意外而死亡。

人类婴儿在一个很长的受养期内都无法自理，另一方面也反映了一个事实，即跟其他的灵长类动物比起来，人类婴儿足足早产了 12 个月。所以，他们确确实实需要双亲抚养，父母双方都要倾力投入，以履行自己对遗传的义务（对父亲来说，要相信自己是在履行属于自己的义务）。只有这样，婴儿才能在成长之路上获得足够的能量和照顾。在传统的狩猎采集社会中，也确实需要有一个人脱离出来从事觅食和狩猎的任务，所以，照料孩子的责任不能全部由女性承担。

养育后代还有其他一些可行且有效的形式，但这些形式很像是受经济环境所迫而采取的应急措施。如果男性垄断了养育后代所需的资源，比方说土地或者像家畜这样的动产，那么女性是可能接受一夫多妻制的。由于这些资源对孩子的生存和未来发展有着巨大的影响，女性似乎愿意为了孩子而忍受这种婚姻安排。即便在当下的后工业社会中，财富仍然起着举足轻重的作用，富人家的孩子生病和死亡的概率相对更低，而当长大成人、跨入社会时，富人家的孩子也往往能占据更有利的位置（在现代社会中，各种教育和社交的机会能够为孩子将来取得社会地位和传宗接代奠定更加坚实的基础）。

无论何种形式，资源都是压倒一切的重要因素，而这种重要性在一种不同寻常的家庭组织结构中得到了充分的印证：亚洲一些民族所采用的一妻多夫制。在这种制度安排中，人们必须保证同一代人中只

有一次婚姻。一个家庭的所有儿子都与同一个
妻子结婚，所有的人一起劳作，抚养他们"共
同"的后代。这种安排的出发点是避免农场被
一代又一代地多次分割，否则很快农场的规模
就小得无法支撑家庭的运转了——欧洲那些
拥有地产的绅士阶层也很早就发现了这个问
题，他们在 13 世纪发明的解决这个问题的方
法是，将财产分割的方式（所有的后代拥有平
等的继承权）改成长子继承制（长子继承全部
遗产）①。然而，这些解决方法都不是一劳永
逸的。一妻多夫制的背景下，婚姻紧张的局势
可能会变得更激烈，妻子在面对几个丈夫时很
难一碗水端平，就好比是一夫多妻制中的丈
夫。所以，在这些民族的家庭内，年轻一些的
丈夫只要能够负担得起，就常常会选择离家，
另寻他处建立一个一夫一妻制的家庭。而妻子
要起到缓和婚姻压力、平衡利益需求的作用，
往往会不堪重负，遭受异常强烈的心理崩溃的
煎熬。

一夫多妻制家庭存在于摩门教徒或者许

① 德国农村地区普遍
采用的是幼子继承制
（ultimogeniture）。
这种方式或许有助
于尽量拉长两次遗
产继承之间的时间
间隔，从而尽可能
地降低由此引起的
破坏。

多非洲班图族部落之中，在这样的家庭里，丈夫经常会抱怨同时对付几个妻子实在是非常吃力。一夫多妻制经常会导致几个妻子之间关系紧张，而且跟同一社会中的一夫一妻制家庭比起来，生育率实在不算高（以人均来看）。这也许是由于压力过大，女性的荷尔蒙分泌被扰乱，使得她们经常在排卵期内根本不排卵。在很多班图族部落之中，每位妻子都有自己的房子或小屋，丈夫则严格地按照轮换的顺序依次来住上几天。只有在关系极其亲密的情况下，几位妻子才会在同一屋檐下生活，例如她们是姐妹的关系。

·—∠

虽然人类在行为上与其他灵长类动物有很多共同之处，但也有一些关键性的区别，而这些区别大部分都跟我们的大脑容量比较大有关。人类及其灵长类的近亲，特别是猿类，在很多习性上是相通的，有好有坏，但稍微夸张一点地说，不管好坏，人类都在更大的规模和范围内继承了这些习性。而继承的那一部分行为特征，自然是源自人类和猿类的共同祖先。然而，从最后一个共同祖先开始，人与猿毕竟已经各自独立进化了600万年。在这600万年里，人类已经具备了很多新的性状，顺势改造、调整了旧的性状，同时也转变了进化的历史。我们可以问自己这样一个问题：这些调整、转变从何而来？事实是，在眼下这个阶段，我们对这个问题只有一些肤浅的推测。木已成舟，我们正生活在所有这些变化引起的后果里面。后果就是，和猿类一样，人类自有其光彩可爱的一面，也有其面容可憎的一面。

在结束本章之前，还有一个要点我想澄清一下。以进化的视角来解释人类的行为一直受到不少批评。许多当代评论家似乎认为这种视角是以基因决定论来解释人类行为。但我想说的是，那些持有此观点的人在无意中混淆了生物学家从两个截然不同的方面给出的答案。生物学家通常会将以下问题分开讨论：身体机能（发生的原因，在个体生命中的目的，产生了什么后果）、机制（包括激励系统在内，什么样的身体构造产生了这样的结果）、个体发育（在发育过程中，这样的后果是如何产生的）和历史（在物种的进化史中，这样的后果是什么时候产生的）。这些问题都是相互独立的，混淆它们会造成严重的误解。再补充说明一点，这些问题现在被称为"廷贝亨四问"，由诺贝尔奖得主、动物行为学家尼科·廷贝亨（Niko Tinbergen）提出。

最常见的混淆发生在"身体机能"和"个体发育"之间，这也是我在这里想要厘清的问题。两者的主要区别有：第一，动物个体想要达到的目标（用生物学的话讲，目标永远是遗传适合度，即某个个体能够将其基因传递给下一代的能力）；第二，某种行为方式发生的原因（这总是体现为多个因素的混合，包括基因遗传、环境影响和经验学习等，对人类而言还包括文化传播）。其中最重要的区别在于行为发生的原因，特别是发育过程中的原因和其进化的结果。某种行为的目标是将遗传适合度最大化，这并不意味着这种行为的起源也是由遗传决定的。能够做出决定以采用某种行为方式，这种能力可能是由遗传决定的，但所做出的决定本身并不一定是由遗传决定的。正是因为具备这样的能力，某个生物体才能评估各种可能的行为所带来的投入与产出，并在权衡利弊之后做出自主的决定。

杀婴现象就是一个被严重误解的问题。杀婴是一种进化适应性的策略不假，但并不是说每一个雄性都会杀婴：如果真是这样，某些物种早就绝种了。相反，这个现象的生物学意义是，雄性有能力采取杀婴行为，而它们是否这么做则与具体环境有关。在生物学上，一切都是与环境相互依赖、相互约束的，一切都是影响雄性将来的社会地位、繁殖机会的各种因素之间相互妥协的结果。为了获得交配的权利而杀死雌性的骨肉，这很难说是一种最佳的求爱手段，所以雄性一定会谨慎有加。然而，这又的确是一种可以摆在桌面上的选择，如果雄性能够在事后逍遥法外，那杀婴的概率就会大幅增加。雌性呢，当然也会算计一番，如果雄性的所作所为表明这是一种更好的长期选择，那么它们的确有可能采取默许的态度。

从最低限度来看，如果我们说一只阿米巴虫的行为完全由基因决定，似乎还勉强过得去，但这种理论绝不能套用在更高级的行为

上，假设真的如此，这就成了一种进化自杀
（evolutionary suicide）[1]。大多数动物，无论大小、
种类，它们繁殖的速度再快，也不可能通过基
因频率的改变来赶上环境的变化。它们必须通
过积极的学习和灵活的行为改变来保证自己获
得足够长的生存时间，这样才有机会出现新的
生物性状。真实的世界由一系列统计事件构成，
充满了不确定性，那些大型的、繁殖周期长的
生物，比如哺乳动物和鸟类，必须随机应变。

我们需要记住的下一个要点是，人类总是
会陷入利益冲突之中。进化过程青睐那些能将
后代的数量最大化的生物性状，但为了达到这
个最大化的目标，有很多可选的策略和方案。
我们可以自己拼命繁殖，也可以放弃自身的这
个权利，让亲属更高效地繁殖；我们可以生下
很多后代，让他们独立生活、自生自灭，也可
以少生几个、全力抚养。不管怎样，总存在那
么一些平衡点，在这些点上，两种备选方案同
样有利可图，能生产出同样多的后代。生物学
中当然有普世的规则，但是这些规则应用的环

[1]　进化自杀是一种进化现象，指某些个体为适应环境所采取的行为导致种族灭绝，如因为食物资源有限，为了生存下去而不生孩子，将种子当作食物吃掉等。

境是因个体、时间而变的。所谓的最优策略，一定与个体所处的环境有关，策略适用的结果也一定是因地制宜的。没有绝对意义上的正确方式，只有特定的个体，在特定的环境组合下，以遗传适合度为参照，在几种或多或少都有利可图的策略中做一下选择题罢了。

THE HUMAN STORY

A NEW HISTORY OF MANKIND'S EVOLUTION

语言本能，
高效的沟通方式为我所用

语言的出现让人类摆脱了动物社交方式的束缚，
高效的沟通方式使得把更大规模的群体成员连接起来成为可能。

我们必须学会设身处地地站在对方的角度看待世界，换言之，就是具备深度"读心"能力。我们在解释他人的行为时，常常下意识地聚焦在他们的动机和意图上，而如果我们的目标是第三方，仅具备简单的心智能力是不够的。我们需要足够的认知能力来辨识复杂的精神世界，只有具备了这些能力，你我之间才能既说天道地，又言之有物。

　　在非人类灵长类动物当中，第一次突破社会群体大小的极限（约 60～70 个）与真正的语言出现（超过 120 人）之间，存在着一个鸿沟。填补笑声和说话之间的空白的，一定是歌唱。

片刻之间，他陷入了沉思。一定是那两个女人加工毛皮时有节奏的动作勾起了他的回忆。他的脑海中浮现出了十几天前宿营地里的场景：透过朦胧的夜色，远处的篝火焰火熊熊，火光融融，一群男人围着火堆，铿锵有力的踩脚声此起彼伏。他们优雅合拍地旋转、摇摆，嘴里还哼唱着一首古老的歌谣。在他们旁边，一群女人簇拥在一起，一边击掌，一边敲打着空心的原木和龟壳，间或发出尖锐的歌声。男人们每转一圈，女人们击打的节奏就会稍稍加快一些，激励着男人们越转越快。

　　男人们乐此不疲。汗水顺着长满胡须的脸庞流下，滴落在他们赤裸的胸膛和大腿上。歌声愈发激荡，踩脚声愈发有力，而男人们摇晃肩膀的动作也愈发夸张。这时候，女人们高亢的泣诉之声与男人们低沉的哼唱之音交织在一起，在深邃的岩洞里久久回荡，共鸣之音让听者陡生悚然之意，站立不稳。

　　一定是在那个时候，那位老妇人离开了女人堆，悄然走进了男人们的圈子，很快融入了律动的人群之中。她的身体仿佛被重新注入了活力，随着音乐和男人们的韵律摇曳起来。然后，其他的妇女和孩子也一个接一个地加入进来，等到火堆余烬未灭的时候，几乎所有的人都在摇摆旋转。剩下的只有少数几个妇女，由于被小孩子羁绊着还待在原地，无法加入舞蹈的行列，但她们仍在尽情地歌唱。舞者正欢，激情未褪，怎能少了她们的阵阵歌声和敲击的节奏。

他总是惊叹于女人们是怎么知道何时该加入男人的舞圈的。事先没有任何的端倪，可总有一位老妇人像感应到了什么，她的眼中闪着熠熠光辉，苍老的身躯一下子就与韵律融合在了一起。没有变化的舞步，没有尖锐的歌声，只是在恍惚之间，这一时刻降临了。刹那间，他轻盈如风，一股欢欣沉醉、心意相通的快感涌入脑海，再也没有口角是非，只剩下水乳交融；再也没有委屈苦楚，只剩下心心相印。一切的愤怒、猜忌都被抛在了脑后，他如释重负、心旷神怡。这种感觉总是让他惊喜异常。舞蹈或是无心，舞者或是无意，但每一次欢舞之后，人们都更加慷慨大度、乐于奉献，也更加情投意合、欢欣鼓舞。

人类拥有一样其他动物（包括我们的猿类表亲）所不具备的特质：语言。生物圈中有大约 4 000 种哺乳动物和 10 000 种鸟类（所谓的"高等动物"），然而只有人类具备这种特殊的能力。的确，所有其他的动物都可以相互沟通，有些沟通方式还相当复杂，但论起灵活度和信息量来，都无法与人类的语言比肩。蜜蜂之间可以互相告知花田的方向和距离，但它们既不能对花蜜的优劣评头论足，又不能拿今天的花蜜跟昨天的花蜜比较评判一番。它们无法点评飞行条件，也不能八卦蜂后与雄蜂之间的绯闻，更不用说商量明年换巢的时候该咋办的事儿了。说到底，它们和其他动物即便有自己的沟通系统，也没见它们创作出任何一部文学作品出来。

这些事情对人类来说就很自如了。语言使得我们可以从事一些只有人类才能做到的项目，比如建造火箭，把人类送上月球或者更远的地方。如果没有许多人的通力合作，如精心编排每一个复杂的任务，以及几代科学家不断积累的知识（很多专业性非常强的知识只有借助语言才能一代又一代地传承下来），这都是根本不可能做到的事情。而在这两点上，语言都起到了关键性的作用。正是语言让分布在不同地方、拥有不同学科背景的人的研究工作协调一致。也只有语言，才能让知识从一代科学家传递到下一代科学家手中，而如果没有这种沉淀和传承，任何科学家和工程师都不可能仅凭一己之力就把第一枚火箭发射到月球上去。

那么，为什么唯独人类有这种能力？为什么人类这么独特？而这种卓尔不群的语言能力，跟人类那些别具一格却又常常被忽视的能力，又有什么密切的内在联系呢？

八卦可是件大事

语言是人类交换信息的基本手段。人们通常有这么一种观点：这些用于交换的信息必须是某种关于环境或者手段的描述，例如，"湖边有一群野牛"或者"手斧是这么制作的"。**语言起到的是推动技术性交流的作用。**

与其说这个观点不对，还不如说这个观点的意义不大，特别是在用来解释人类是如何从事上述活动的时候。的确，传递"野牛在湖边"之类的信息，我们肯定需要互动，但当狩猎开始时，我们一般会用无声的方式传递信息。结伙狩猎的人一般不多（现代社会中很少超过 6 个人，独自行动也很常见），而狩猎本身通常是悄无声息的。毕竟，没有人会在狩猎的时候喋喋不休地称赞天气有多好，或者表达自己多么希望在打完猎后啃一大块牛排。真要这么做，猎物早被吓跑了。同样，当我们互相传授如何打制石器或烧制陶土壶时，往往话并不多，仅仅是意味深长地说上一句"看我怎么做……"。我们大多数的日常技能都是通过自己探索的方式学会的，而不是听着口令完成的。这时候，语言其实就是一种吸引注意力的手段：只要说一句"看好了！"就够了。语言中的遣词造句，不管有多么复杂和精妙，似乎都没用，肯定还另有隐情。

让我们看看人们在交谈的时候都谈些什么内容。大部分时间内，我们是在谈论社会性话题——喜欢什么，不喜欢什么，别人昨天在干什么，某某人怎么样，孩子们一直在干什么，明天郊游怎么办，家里或者单位里有什么棘手的事情，等等。这些话题加在一起能占到2/3。其余的内容——政治、文化、技术、音乐、运动，组成了剩下的1/3。这当然不是说所有的交谈都遵循这个比例，也不是说所有人谈话的规律都是这样。如果我断言女人们的聊天内容更多的是社会性话题，估计你也会习以为常吧（当然比例也没那么高，大概是3/4吧）。男人们则会将更多的时间放在体育和"这东西是怎么做出来的"之类的技术性话题上。

当然，我们会聊很多所谓的技术性话题，比如工作上的事，怎样从网上免费下载东西，甚至还有鲍勃·迪伦的歌词的语法结构。我们当中有很多人可以连续几个小时津津乐道于此，但实际情况是，除了一小撮发烧友，大多数人很快就没兴趣了。生活中最郁闷的事莫过于在某个鸡尾酒会上碰见一个讨厌鬼，他恨不得把自己知道的所有与下象棋有关的事情都告诉你，或者是跟你复述一遍昨天刚在网上发现的东西。遇到这样的主儿，我想你肯定很想说，"很高兴跟你谈话，可我要找那边的杰迈玛说一句话……"，或者"哎呀，我要再去倒一杯酒……"。

但是，如果谈话转向了某个你认识的人，或者是你的个人经历，乍听上去似乎应该索然无味，而这反倒会让我们夸夸其谈。所以，人们的交谈中社会性话题比重那么高绝不是偶然。

我们也不能将这种现象当成打发时间的、纯粹穿插在为数不多的重要谈话之间的闲聊。大自然极少挥霍：它绝不会助长那些目的性很强，但只是偶尔为之、剩下的时间都在"空转"的机能。更常见的情况是，如果某项生物机能只是间歇性地发挥作用，那么它往往会在用得着的时候才出现，用不着的时候就消失。某些动物（包括某些灵长类动物）的睾丸也会在无用武之地后自行消退。女性的生殖系统，不管是子宫还是乳房，都会在怀孕及生产之后的几个月里迅速胀大，然后再或多或少地恢复原状。是的，人类如此热衷于社会性话题绝不是一种附带现象，更不是一种副产品，这才是要害。不管你喜不喜欢，我们都必须把这件事的来龙去脉解释清楚。

那么语言为什么会成为一种社会现象呢？长话短说，答案就在社会脑假说（social brain hypothesis）[①]中。在本书第 2 章中，我们已经看到灵长类动物的社交范围和新皮质的尺寸有着密切的关系。由这种关系预测得到的人类的

① 邓巴认为，灵长类动物个体在共同生活的过程中需要与种群内的其他个体建立长期的社交关系。而负责处理复杂与抽象思维的大脑新皮质在整个大脑中所占的比例越大，个体能处理的"稳定人际关系"就越多，相应的平均种群规模就越大。著名的"邓巴数"背后的理论基础即源自于此。——译者注

群体规模约为 150 人，而这个规模似乎是人类社会的共同特征。灵长类动物维系群体关系的基本机制是"相互梳毛"，也即一个群体内的动物互相为对方梳理毛发。我们的确说不清楚梳毛到底是怎么把群体团结起来的，但确凿无疑的是，猴子和猿类典型的群体大小，跟它们花在相互梳毛上的时间有着直接关系，群体越大，动物花在彼此身上的时间就越久。如果人类也想和猴子、猿类一样采用梳毛这种源远流长的手段，并把上述关系套用过来，那么人类每天至少要拿出日常生活中 40% 以上的时间来做这件事。

这貌似是一个极好的主意，但对任何一个生活在真实世界中的生物体来说，这都非常不切实际。寻找食物极耗时间，导致没有什么猴子或者猿类会在它们没睡着的时候花 20% 以上的时间来相互梳毛。这纯粹是一个时间预算的问题：每天就那么点时间，先填饱肚子才是正事。如果沉溺于社会活动，那维持生存的能量就不够了。

人类也不过如此。从现代的欧洲社会到新几内亚的传统农民，再到东非的牧民，人们花在社交上的时间（主要指谈话交流），比例几乎均为 20%。看起来，即使人类使用语言而不是通过梳毛来维系社会关系，我们也创造不出多余的时间用来交往，充其量不过是更会利用时间，将灵长类动物的能力发挥到了极致而已。

帮助人类做到这一点的正是语言。使用语言的方式有很多种，最简单的是，语言让我们可以同时与几个人互动。如果把交谈看作"梳毛"的一种方式的话，那么我们可以同时为几个人"梳毛"。然而，如果交谈开启了"全自由"模式，那么上限似乎是三个人。假如参与谈话的人超过了四个（一个人讲，三个人听），那么不超过半分钟，一场谈话就会分成两场。在任何聚会上，只要你注意观察就能发现这一点。

其中一个原因似乎是，当谈话的人员超过四个的时候，整个圈子就变得太大了，发言者的声音很难盖过背景噪声。在这种情况下，听众不大容易听清楚发言者正在讲些什么，既然没把握，也就更加犹豫到底要不要插嘴。于是，人们就会转向旁边的人并开始聊天。此外，随着参与人数的增加，每个人发言的机会也迅速减少。两个人交谈，其中每一个人都有 50% 的时间来说话，而如果是五个人交谈，每个人的说话机会就降到了 20%，结果就是人们越来越感到不值得参与谈话，除非你天生就立志做一个倾听者。

如果真要将听众的数量增加到三个以上，还要保证一场谈话不会分裂成几场小的谈话，那就只能强制推行一些严厉的谈话规则。要么有一个主持人，由他来指定谁什么时候可以发言，要么有一个正式的环境和安排，确保同一时间只有一个人在发言，其他人都要毕恭毕敬、洗耳恭听，比如演讲、布道。当然，如果这么正式的话，很多听众都会无精打采、慢慢地进入梦乡。长时间保持注意力是件很辛苦的事情，从这个意义上讲，发言几乎算得上是种解脱。

　　日常会话肯定不能这样，我们需要互动，每个人在某个合适的时机都要说几句。但更重要的是，我们与发言者或其他听众进行的是一场真正的对话。别人讲话的时候，我们会有一些回应，这种附和的方式可以鼓励发言者继续讲下去。这就跟为其他动物梳毛一样，相当于在告诉对方，"我宁愿跟你待在一块儿，而不是与吉姆一起"。看，这就是我的利益声明和意向宣言。相比较而言，人类所能采取的方式已经丰富得多了。猴子或者猿类梳毛的时候，只能一个一个地来。

　　人类在做真正意义上的"梳毛"举动的时候也不例外：大多数情况下，如果我们与某人有着亲密的身体接触，而同时又对别人非常亲昵，那等待着我们的一定是雷霆万钧。这种"一个一个来"的特征意义深远，说明社会关系的建立绝不是简单地说一句"我们做朋友吧"就万事大吉了。相反，为了建立真正的关系，我们需要大量的时间投资，而用于绑定社会关系的总体时间又只有那么多，所以，必然存在任何一个人都可以维持的社交关系数量的上限。动物梳毛和人类聊天，假设两者规则一样，动物是一对一，而人类能做到一对三，从中我们已经可以看到语言是如何帮助我们扩大社交圈规模的了。

　　语言还有其他一些特性，其中之一是语法的功劳。语言可以促进信息的交流，例如交换与自己的社交网络有关的信息。我们可以接收到芙洛阿姨和弗雷德叔叔的消息，打探出这些天侄子比尔跑哪里去了，还有表姐佩妮为什么要离婚等。狒狒和黑猩猩对此都是望尘莫及，它们只能眼见为实。如果某只黑猩猩的好友背叛了同盟，偷偷投靠了它们俩的死敌，那么这只黑猩猩就会一直被蒙在鼓里，在决一死战的时候才发现自己已经是孤家寡人了。但人类不一样。只要一有风吹草动，我们就可以去探听有没有人注意到任何异常情况；即便是没有任何蛛丝马迹，也会有些人跑过来在我们耳边嘀咕一番某人的阴谋诡计——这幅情景，只要想想莎士比亚的著名戏剧《奥赛罗》中，伊阿古如何千方百计地要在奥赛罗面前诋毁苔丝狄蒙娜就够了。

简而言之，语言可以让我们跟上这个社会关系不断变化的世界，比如知道社交圈里谁行为不当，谁值得深交，甚至谁可能成为终身伴侣。语言对我们维系社会关系至关重要。这意味着，尽管人类的社交网络规模比黑猩猩大很多，我们还是能够有效地管理这个网络，而且多了"退一步海阔天空"的选择，没必要一言不合就大打出手。这还意味着，如果要去参加某项特定的社会活动，我们在赶场前就能做到胸有成竹，因为每个人的最新动向都尽在掌握！尽善尽美当然很难做到，但是总归可以避免低级错误。

口吐人言，绝非一日之功

20世纪50年代和60年代初期，心理学家们跃跃欲试，希望能向黑猩猩传授人类语言。此种想法源自一个问题：人类的语言能力究竟是来自本能呢，还是因为人类婴儿生活在一个周围都是讲某种语言的人的环境里？如果是后者，那么这种环境可谓是得天独厚。一不做二不休，几位美国心理学家干脆在自己家里领养了几只黑猩猩幼崽，甚至将它们与自己的孩子放在一起，给予了一视同仁的关爱。

在某种意义上，实验结果大获成功：黑猩猩们还真学会了几个英语单词。但从另一个角度来看，结果也非常令人失望。黑猩猩充其量只能发出一些模仿英语单词的含混发音。最终，由于黑猩猩的发育速度比人类婴儿要快得多，它们非但没有学会说话，反倒是把人类婴儿给带坏了。人类的婴儿仿佛是超级模仿者，什么都学，在模仿对象本身就是调皮大王的情况下更是如此。实验最后只能被迫终止，而且再也没有人做过。

实验之所以失败，还有另外两个更有趣的原因。第一个原因是猿类根本就没有说话用的发音器官。黑猩猩的喉咙在咽部的位置比较高，紧顶在舌头后面。而人类的喉咙则处于低位（喉咙的顶端就是喉结，西方人称之为"亚当的苹果"）。人类婴儿出生的时候喉部较高，等成长到语言学习期时，喉部才会下降。喉部位置降低所带来的后果是吞咽与呼吸无法同时进行，所以成年人如果一边喝水、一边说话，就有可能呛水。而婴儿就没有这种顾虑，半夜饿了的时候，照样可以自如地吮吸妈妈的乳头，尽管这时候妈妈正半梦半醒，压根儿顾不上照看孩子。同样是吮吸，婴儿可以一直坚持到累得吸不动为止，而成人每隔一分钟就得停下来休息一阵。整个过程相当累人，甚至可以说令人沮丧。

喉部位置降低还带来了一个后果：喉、口部的共鸣腔扩大了，这就使得人类可以发出一些远超猿类能力所及范围的声音。老实说，一门语言如果没有这个大一号的发声腔体相助，其表达力一定是非常贫瘠的。总之，猿类受声腔所困，永远无法学会人类的语言。瞧！我还真有后见之明。

第二个原因或许更加根本，就是我们在第 2 章遇到的"心智理论"。自从诺姆·乔姆斯基（Noam Chomsky）在半个世纪前使语言学大放异彩之后，语言学家们就把注意力放在了语法上，以及语法如何帮助人们将想说的内容编码到语音流中来传递信息。但即便是句法分析这样难啃的骨头，也并不是语言中最难的部分。最费脑力的工作是预判听众将如何听懂我们要说什么。如果语言只是在利用符合语法的句子来描述眼前的情景，那聊天一定会变成一件味同嚼蜡的事情："今天，十字路口竖起了一个新的红色停车标志""哦……很有趣……嗯，我想跟那边的杰迈玛谈谈……"。

聊天中真正让我们感兴趣的部分是玩心理游戏。我们会讲笑话，还会随意地使用隐喻的手法，导致我们说的每一句话都跟它的字面意义不同。比如，"你离开的时候，帮忙把门带上好吗？"，而如果你真的把门"带"走了，肯定会有人大跌眼镜。这样就出现了一个问题：我们绞尽脑汁，一边谈话一边设想听众将如何解读自己的话语，或者反过来，试图理解讲话的人在说些什么。我们还会讲谜语、兜圈子，似乎在刻意地避免用直白简单的英语把事情讲清楚——这里的英语可以换成法语、波兰语或者汉语，都没什么区别。

为了驾驭这种自找的麻烦，我们必须学会设身处地站在对方的角度看待世界。换言之，就是具备深度"读心"能力。我们在解释他人的行为时，常常下意识地聚焦在他们的动机和意图上，而如果我们的目标是第三方，仅具备简单的心智能力（二阶意向性）是不够的。伊阿古希望（1）奥赛罗相信（2）苔丝狄蒙娜（3）另有所爱，而这并不需要他亲口告诉奥赛罗这个摩尔人。苔丝狄蒙娜做了些什么并不重要，她的所作所为暗示了什么更重要。而伊阿古有种天生的本领，他知道奥赛罗会怎样揣测苔丝狄蒙娜。同时，在观看戏剧的时候，观众们也能预见到奥赛罗必然会这么想，还能预见其悲剧后果，而这就是戏剧的魅力所在。

如果伊阿古无力从事这些智力体操，他就不可能向奥赛罗呈上那么多假象和谎言。奥赛罗也就不会对苔丝狄蒙娜疑神疑鬼，也不会杀了她，更不会在恍然大悟后悲愤自杀。如果真是这样，这个故事也就失去了感染力。没有三阶意向性，伊阿古绝想不出此伎俩。没有四阶意向性，观众们不可能看懂整个故事线。更甚之，没有五阶意向性，哪儿来的莎士比亚的生花妙笔？假如没有五阶意向性，莎士比亚真的就成了常言说的"随意敲击键盘的黑猩猩"。如果没有心智化能力，特别是高阶意向性能力，文学作品和日常交往就都成了痴人说梦。我们的世界将变得枯燥、愚昧，生活将失去乐趣，人与人之间将只会沉默以对。

总之，黑猩猩不能讲人类语言的第二个原因在于，它们没有足够的认知能力来辨识复杂的精神世界，而只有具备了这些能力，你我之间才能既说天道地又言之有物，特别是谈到诸如"某人在他的圈子里做了些什么"的话题时。

语言何时产生？

既然黑猩猩没有语言能力，那么语言是何时产生的呢？解决这个问题有两种办法，每一种都不是那么尽善尽美。首先是从化石记录中寻找任何与语言或说话相关的解剖学线索。只要找到这些证据，尽管是间接证据，我们就找到了语言或说话存在的基础。其次是基于我们发现的新皮质大小、社会群体大小以及梳毛时长三者之间的关系，通过找到什么时候人科动物的群体大小已经不能单靠梳毛行为来维持了，我们就可以找到语言产生的时间。

基于第一种方法，人们已经对某些和说话有关的神经关联展开了研究。其中一项是研究与舌头相连的神经出颅骨的孔洞大小。这个孔洞的大小反映了神经的粗细，而神经的粗细又反映了它所承担的工作量。开口说话需要精确的吐字发音能力，而这需要舌头、下巴和嘴唇三者流畅的运动配合，才能通过口型变化发出某一特定的声音。比起任何一种非洲大型类人猿，人类的舌下神经管（hypoglossal canal）要大许多。

更为重要的是，在早期智人（在大约 50 万年前出现，人属智人种中最早的成员）出现后，我们从所有的原始人类化石中都能发现，其舌下神经管的尺寸已经和现代人类相近了，也包括尼安德特人、克罗马农人。相反，在所有南方古猿的头骨中，这一尺寸都与猿类相仿。麻烦的是，我们想找到位于进化史上这两个阶段之间的头骨，用于测量其舌下神经管的尺寸，但目前为止什么都没有找到，所以很难针对这种尺寸的变化来给出确切的时间，只能说是在距今 200 万～ 30 万年前之间。

第二项研究由英国罗汉普顿大学（Roehampton Institute）的安·麦克拉农（Ann McLarnon）进行，关注重点在于呼吸控制。现代人与现存的猴子和猿类有一个很大的不同，其位于上胸部胸椎区域的椎管有一个明显的扩张。这部分椎管之内的神经负责控制胸肌和膈肌，对呼吸的精细控制起到了重要作用，而这点是人类说话所必须具备的条件。讲话时，我们需要在一个时间段内均匀、缓慢地呼气，而这个持续的时间段远比平常呼吸要长。人类那些灵长类的表亲都做不到这一点，同时它们也缺乏控制呼吸用的增大了的胸神经。

通过检查原始人类化石的胸椎，我们发现这种明显扩张的椎管出现的时间与上文中提到的舌下神经管几乎一致。更老一些的南方古猿和直立人的化石，其胸椎管的尺寸与其他猴子和猿类差不多。而尼安德特人和约 8 万年前的早期现代人类，其胸椎管的尺寸和现代人类相差无几。当然还是那个老问题，由于找不到处于过渡阶段的椎骨化石，我们无法给出确切时间，但是基于尼安德特人和早期现代人类的椎管都具备扩大化的特征，我们至少可以得到一个简单的结论：他们的这一特征都是从与其最近的共同祖先——约 50 万年前的早期智人那里继承来的。

将这些分析整合起来，我们可以框定一个人类开始说话的时间段。首先，胸椎管的尺寸可以帮助我们将最早的时间定在 160 万年前左右，也就是与猿类类似的胸椎化石最晚进化出来的时间。其次，由于尼安德特人和克罗马农人都具备现代意义的舌下神经管和胸神经管，最简单的解释就是这一特征源自其共同祖先早期智人。所以，人类开始说话的可能的最早时间也一定是其共同祖先出现的时间，也就是 50 万年前。

另外的一种做法是利用第 3 章中探讨的新皮质大小和社会群体规模之间的关系，并基于以下事实展开研究：旧世界猴和猿类花在梳毛上的时间与其群体大小存在着明确的关系。我的《梳毛、八卦及语言的进化》一书中相当详细地描述过这些内容。其中的精髓在于，如果我们把灵长类动物的群体大小与新皮质大小之间的关系应用到化石标本上去，就可以预测出所有原始人类的群体规模随着时间流逝是怎样变化的。有了群体的大小，我们又可以利用旧世界猿猴的群体大小和梳毛时间之间的关系来预测每一个原始人类群体花在"相互梳毛"上的时间有多少，当然前提是"相互梳毛"这种灵长类动物采用的传统方式的确是维系其社会群体的纽带。我们的分析结果如图 4-1 所示。

这些分析告诉我们的是，在人类进化史上，南方古猿时期对"梳毛"时间的需求仍然在现存的猿猴类动物的能力范围之内。只有到了直立人时期，这种需求才开始上升并超过了 20%，也是非人类灵长类动物的上限，即使是这样，这种上升的势头也非常缓慢。等到人类物种中最早的成员早期智人在 50 万年前出现的时候，需求开始飙升。也就是到了这个时间点上，我们才发现需求大大超出了现存猿猴类动物的能力范围。这些分析和我们从与说话有关的解剖学证据上得到的结论不谋而合，从而再次证明语言的确是人类的特质。

梳毛时间（百分比）

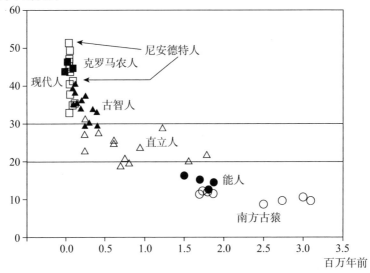

□ 尼安德特人　■ 克罗马农人　▲ 古智人　△ 直立人　● 能人　○ 南方古猿

图 4-1　梳毛时间占比变迁图

根据从化石标本中得到的脑容量大小（如图 1-2 所示），以及旧世界猿猴的群体规模与梳毛时间之间的关系，如果原始人类以猿猴的方式来维系社会关系的话，我们就可以计算得到其花在梳毛上的时间。任何猿猴类动物花在梳毛上的最大时间比为 20%。人类在梳毛需求达到 30% 时（这是传统梳毛方式加上合唱方式并有效维系社会关系的情况下的上限），就需要语言能力了。

总之，看起来 50 万年前的智人已经具备了语言能力，至少是某种形式的语言能力。关于这是不是我们今天所熟知的语言形式，还是个悬而未决的问题。但有一种解读貌似是合理的，即语言能力并非是突然冒出来的，而是一旦以灵长类动物的传统方式不足以应对社会交往的需求，并且在社会联系的纽带上留下了缺口的时候，语言能力就日渐发展起来了。同时，这也带来了一种可能性，语言实际上可能经历了一个"歌唱"的阶段，一个属于"音乐"而非"口语"的阶段——这个阶段并没有产生语言学意义上的语言。不过，在谈及这个可能性之前，我还是先简述一下人类对话时的另一个奇怪特征。

逗人笑就是在"梳毛"？

人类能够发展至此，无疑语言有着很大的功劳。但同时，在我所勾勒出的语言故事中，还有些东西被遗漏了。两只猴子互相梳毛、拉近关系，而能被梳毛似乎是件非常享受的事情，可以使心跳舒缓、全身放松，这些都是出现在非人类表亲身上的明显反应。的确，只要梳毛的过程足够长，它们还会睡过去。这种催眠效果源自梳毛可以有效刺激大脑释放内啡肽，而这是一种大脑自己产生的止痛药。内啡肽属于阿片类物质，它们与鸦片、吗啡等传统鸦片制剂有着非常相似的化学结构，这也解释了为什么我们很容易对后者上瘾。

对猴子的实验研究证实了这一点。动物们如果摄取了人工鸦片制剂，就会丧失对梳毛的兴趣；如果喂给它们鸦片阻滞剂，它们就会焦躁不安，四处寻求梳毛对象。不管如何，梳毛都会让受体产生一种轻松愉悦感，而看起来这恰恰就是梳毛能够成为社交黏合剂的最直接原因。我们其实并不清楚梳毛背后的机理，但很明显，梳毛的效果立竿见影，互相梳理的双方很快就能其乐融融。在某种程度上，这种幸福感也会转化为在冲突发生时的互相支持。人类又何尝不是如此：跟谁打交道开心，就愿意帮谁摇旗呐喊、排忧解难。

那么，在人类的交往过程中，是什么化学刺激起到了同样的作用，使得语言可以在拉近关系的时候大显身手呢？语言本身并不像梳毛或者按摩，它缺乏直接的生理干预以产生阿片类物质。当然，如果关系比较密切，人们的确会相互梳理、爱抚，或者做一些与此等效的事情。但是这种交互很明显只会在亲密关系中存在。确切地说，此时此地，语言甚至都是多余的。等效的"梳毛"行为（轻触、摩挲、爱抚）会局限在某人与配偶、父母和孩子之间，有时会发生在祖父母或最好的朋友之间，和相对远些的亲戚，如姨、舅、外甥等就不常发生了，至于外人，则基本不会这样做（其他人家的婴儿除外）。而假如这种行为转移到医生、老师、学生或同事，甚至马路上的一个陌生人身上，对方轻则横眉冷对，重则大发雷霆。在当下社会，你很可能会等来一张控告骚扰的法庭传票。

这就引出了一个有趣的问题：为什么与陌生人之间的亲密接触会

如此令人不安？我的猜想是，人类和倭黑猩猩一样，会因亲密的身体接触产生兴奋感，而这很难不跨界：在放松的环境下，肌肤之亲情到浓时，很容易春意大发。那么，如果我们既不想跟别人一接触就性交，又想建立亲密的关系，该怎么办呢？我的答案是：逗他们笑。

仔细想来，笑是一个非常奇怪的行为。黑猩猩身上隐约有些会笑的迹象，而且这也的确被认为是人类发笑的起源。但黑猩猩的笑几乎是一种玩耍时专用的表情，在它们邀请伙伴一起玩乐，或者是已经加入游戏时，黑猩猩经常会发出一系列安静而急促的喷气声，嘴巴还大张着。有一个描述这种表情的术语叫"放松地张嘴"（relaxed open mouth，简称 ROM）。可是，比起人类的欢笑，这种行为只是最基本的行为之一，更像是人类在举着酒杯轻轻一碰时做出的那种彬彬有礼、温文尔雅的微笑，或者是小孩子们在相约游戏时使用的表情。人类欢笑起来热烈程度可以高很多，如开怀大笑，而且发出欢笑的场合也比黑猩猩多很多。在动物世界，别的动物并不会发笑，至少不会以人类的形式发笑。

我们来想一下人类发笑的时候会发生些什么，特别是你无拘无束、狂放潇洒、尽情欢笑的时候，你是不是感觉有点轻飘飘、神清气爽、全身放松，仿佛进入了天人合一的境界？是不是听起来有些耳熟？是的，这种感觉还是基于内啡肽的作用。发笑似乎可以很好地促进内啡肽的释放，而且有一些间接的实验证据可以证明这一点。之所以只有间接证据，是因为直接测量内啡肽的释放量比较困难，需要实施一种叫作腰椎穿刺的手术，把一根粗大的针头插入相邻的椎骨之间获取脊液。因此，大多数实验都采用"疼痛耐受度"这种更易实施的测试手段。其中的逻辑在于，既然内啡肽是疼痛控制系统的一部分，那么内啡肽越多，一个人忍耐疼痛的阈值就越高。

我的两个学生——朱丽叶·斯托（Julie Stow）和吉塞尔·帕特里奇（Giselle Partridge）进行了两个独立的实验以检验这个想法。在这些实验里，我们要求实验对象将冷酒器的冰套放在胳膊上，看他们能坚持多久。经过一轮测试后，我们再给他们放映一部纪录片或喜剧节目，之后再请他们做第二轮测试。那些观看枯燥纪录片的受测对象，前后两次忍受低温的时长没什么变化，而那些观看了喜剧的受测对象则有显著提升。而且，提升程度还与他们观看喜剧时发笑的次数有关：发笑的次数越多，提升程度越大。

这或许解释了人类在谈话时的另一个奇怪的特点，我们似乎花了很多时间来使双方发笑。人类语言是被设计用来交换信息的，这应该是一个郑重且必须严肃对待的目的，但实际上我们很少拿语言来干这事儿。的确，除了特殊情况以外，如果谈话对象始终在滔滔不绝地讲述一些令人无动于衷的信息，我们一定会觉得乏味无趣，就好比如下的情形："关于我发现的那个位于十字路口的新的红色停车标志……"
"嗯……你刚才说吧台在哪儿来着？"。但如果有人给你讲各种小笑话，
或者谈话中时不时穿插着几句俏皮话，那么吧台什么的就都不重要了。

这正是费罗德·斯珀桑德（Feroud Seepersand）在对会话进行研究
时发现的。在自然环境下，他监听了一些在酒吧和咖啡厅里发生的对
话，每隔30秒记录一次讨论的话题，同时也会记录下每个人什么时候
会发笑。他的研究结果表明，两个人交谈时，如果其中一个人笑了，那
么他们两人继续讨论同一话题的持续时间，要明显长于两个人都没笑的
情况。这就和梳毛一样，笑声可以鼓励你继续与某一特定的谈话对象
互动，究其原因，就是背后大量的内啡肽使你对谈话对象产生了充分
的好感。

实际上，最近发现的一些证据更有趣。一项针对有不同部位的脑
部损伤的患者的研究表明，大脑右侧额叶的一个特定区域对于具备理
解和欣赏幽默的能力至关重要。即便没有大脑其他部位（包括左半脑）
的参与，人们仍然能够理解和欣赏幽默。出乎意料的是，这里说的幽
默不仅包括漫画和其他以可见形式存在的幽默，也包括各种口头语言
中的幽默。要知道，大脑中的语言处理中枢是分布在左半球的。而如
果大脑右半球中这个特定的区域受损，人们对笑声和微笑的反应也会
大大减弱。更加奇特的是，右脑中的这部分与大脑边缘系统中的杏仁

核也有着直接的神经联系。而杏仁核是大脑中负责处理情绪和情感暗示的部分。

笑是一种具有高度感染性的仪式化活动。我们独处的时候往往很少发笑，如果有人非要这么做，那一定会招来非议。按照惯例，只有疯子才独自发笑，剩下的正常人要么是跟着别人一起笑，要么是因为当时的社会情境的确好笑。这就是为什么电视节目里如果没有预先录制的笑声，我们会选择走开，反之我们可以待在屋子里看电视一直到深夜。笑几乎是人类最后一件心甘情愿去做的事情。同样，这也是为什么当某人用外语讲了一个笑话的时候，尽管可能一个字也没听懂，我们还是会和大家一起放声大笑。吸引我们的与笑声本身没有太大关系，而是笑声所具有的如社交合唱般的"和声"特性。

在人类进化过程中的某个时间段，我们仿佛借用了黑猩猩的表情，并将其强化，实现了远距离"梳毛"的效果。由于涉及欢笑和语言的大脑区域非常不同，甚至不在同一个半脑上，所以发笑行为可能在语言出现之前就已经进化很长时间了。笑声的传染性如此之强，说明它曾被用于某种公共仪式，其发声就好比传统的灵长类动物之间用来打招呼的方式，但还不具备口头语言的特征。当然，随着语言的出现，人们开始用各种话语来激发其他人发出笑声，比如说讲笑话。笑话是一种非常古老的传统，比语言的其他方面都要历史悠久得多。

音乐曼妙，大家一起来跳舞

音乐和歌唱之中似乎存在一些基本的、与生俱来的东西。在情感上，我们面对音乐和歌曲时的反应与面对一个个单词的时候有着天壤之别。自古以来，作曲家们就认识到，他们可以通过编排音调及其顺序来激发人类的情感，使我们时而欢欣，时而绝望，又或是兴奋不已，禁不住用脚打起拍子来。同时，人们也一直在争论，这种情感到底是基于特定的文化，还是人类共同的反应。音调上升会让所有人都感到欢欣鼓舞吗？音调下降会让所有人都觉得抑郁消沉吗？大调音阶燃起希望、小调音阶压制梦想？快节奏的音乐会让我们激动难耐，慢节奏的音乐又会让我们懒散无力？抑或这些情绪反应只不过是十几个世纪以来西方音乐发展、沉淀下来的产物？

我对这个问题的答案不感兴趣。我在乎的是作曲家们怎么可以操控我们的情绪，而这与他们最初采用的作曲方式无关。我们在聆听音乐时会心潮澎湃，这似乎是一种普遍的人性，而且这一点在人类聚集在一起的时候表现得更为明显。在几乎所有的宗教中，齐声吟唱都是一种早已被强烈认同的情感支持方式。

那么，音乐为什么和人类有如此关系？它在人类进化的故事中扮演了什么样的角色？

对第一个问题而言，答案仍然笼罩在神秘的面纱之下。确实有些音调韵律可以触发大脑内某些隐秘之处的深层反应，其中除了负责处理声音的听觉皮质会表现出明显的活动性外，大脑主要的反应还是来自右半脑，并出自古老的边缘系统区域内[①]。由于负责处理语言的中枢在大脑的左半球，我们就此可以得到一个合理的推断：音乐和语言有着各自独立的进化史。音乐的感染力给人类带来的深刻感触，让我不禁想到音乐早就存在了，应该比语言更称得上源远流长。而这也给我们提供了一个线索，能够回答上述的第二个问题：音乐在人类进化史中的角色。

我认为答案在于：在非人类灵长类动物当中，第一次突破社会群体大小的极限（约60～70个）与真正的语言出现（群体大小超过120个）之间，存在着一道鸿沟，其中必然有某种因素出现，弥合了这段距离。鉴于我们对欢笑以及灵长类动物的大合唱的了解，也基于我们对音乐的分析，我认为，填补笑声和说

[①] 最近的一项发现表明，人类对音乐的敏感度来自所有哺乳动物中都存在的、母亲与婴儿之间的语音交流。如果属实，那么人类对音乐的反应的确拥有古老的起源。

话之间的空白的，一定是歌唱。

歌唱是一种有声的活动形式，特别适合多任务并行和一心二用。从外赫布里底群岛（Outer Hebrides）上的苏格兰女性所哼唱的渥尔金之歌（waulking songs），到水手们传唱的船工号子，从军队前进时的进行曲，到看台上足球迷们的助威歌，歌唱无一不起到了唤起情感、拉近距离的作用。当然，歌唱也有助于消磨时间，让艰难的任务不再那么难以忍受。但是，让我们试着扪心自问：歌唱是怎样才有如此功效的？这当然不是让你在手忙脚乱的时候脑子也别闲着！我的猜测是，一起唱歌可以促进内啡肽的释放，而内啡肽可以让工作看起来更轻松些。

实际上，人们早已知道内啡肽有此妙用了。在一次实验中，被试要一边听音乐磁带，一边在突然感到一阵兴奋的时候指出是音乐中的哪一小节触发了他们的情绪。尽管正如我们所预料的那样，人们对哪一小节音乐有感觉因人而异，但每个人的兴奋模式都前后一致。如果被试在连续试听之间被注射了纳洛酮（就是用来让猴子失去对梳毛的兴趣的药物，可以抑制内啡肽起作用），那么在接下来的试听中，与前面的对照结果相比，他们的兴奋反应明显降低了很多。而那些只注射了生理盐水的被试则没有什么变化。这就是内啡肽参与此类过程的强有力的间接证据。

关于歌唱是为什么以及怎样产生如此功效的，我们尚未得知，迄今为止这方面的研究很少。尽管如此，这种假设看起来证据很强大，至少有一种令人信服的感觉。很重要的一点是，纯音乐本身就可以创造这些情感效果，不管是无词的曲调，还是纯粹的乐器声，都和激动人心的歌词一样奇妙。天主教修道院里传统的格里高利圣咏（Gregorian plain song）就是一个特别明显的例子。真正引人入胜的是和声吟唱的声音，而不是任何单词的意义，更不用说这首歌的歌词大多由古拉丁语写就，根本没多少人懂。实际上，在欧洲音乐的早期复调时期（polyphonic period，大约为 12 ～ 13 世纪），作曲家通常并不会过多地关注歌词，不管它是某位诗人写的，还是从《圣经》中摘录的某段文本。一句歌词被截一半的现象并不稀奇，有时甚至一个单词都会被截掉一半。反正歌词是什么不重要，跟音乐搭配就行。

由此，我们也可以理解在五旬节（圣灵降临节）礼拜仪式中看到的种种现象了。乐师、合唱团和牧师共同创造出一股音乐洪流，而且越来越激昂振奋、震撼人心，渐渐地将众人吸引到了一起，直到每个人都随波逐流一般挥动手臂、舞动身体，时机一到，大家就不约而同地高呼"阿门！"和"哈利路亚！"。有些人甚至被带入了恍惚状态。音乐如此动人心弦，就连那些将信将疑的人也无法抵挡其魅力。这就好比你坐在酒吧里，旁边有一支爱尔兰陶瓶乐队（jugband）正在演奏吉格舞曲和里尔舞曲，你怎么可能无动于衷、正襟危坐呢！

我猜在很早以前，歌曲与舞蹈就形影不离了。人类似乎特别热衷于舞蹈的节奏感，于是舞蹈在传统社会和后来的宗教仪式中无处不在。又过了 2 500 多年，埃塞俄比亚科普特教会（Ethiopian Coptic Churc）的信徒和执事们又跳起了摇摆舞。而在伊斯兰教苏菲派中，苦修士们跳起了托钵僧舞：舞者步调一致地旋转，身上的一袭白色长袍随之转动，舞蹈的夸张效果被发挥得淋漓尽致。他们就这样一直跳着，直到进入恍惚迷幻状态为止。

这种恍惚迷幻状态是不是某种自我诱导的、类似服用了阿片类药物后的快感？这是不是我们如此喜爱舞蹈的原因？要知道，舞蹈已经和微笑、大笑一样，成了人类最"无用"的共性之一。而唱歌、跳舞、打拍子，在直立人日常的梳毛活动之外，是不是又补充了一种早期的社会交往形式，使得人类的群体规模突破了由于梳毛时间不足所导致的上限？

人们很晚才发明了乐器并用来制作音乐，这时候，歌唱已经兴起很久了，而语言也许已经存在了几万年。我们现在熟悉的大量乐器都是最近的发明。例如，在公元前几千年之前，弦乐器、铜管乐器和鼓等，在考古记录中统统不见踪影。然而，简单的管乐器，如长笛、竖笛等却早就出现了。法国一处洞穴里有一片距今 4 万～ 3 万年前的克罗马农人居住地遗址，人们在那里发现了一支由鹿骨制成的笛子。这支笛子上面前端的 4 个孔和后端的 2 个孔还清晰可见，一眼看去就是为吹奏五声音阶而刻意打造的。时至今日，这支笛子的制造工艺还令人啧啧称奇。另一只长笛由洞熊的骨头制成，出土于如今斯洛文尼亚的一处已经有 5.3 万年历史的尼安德特人聚集地。人们用同样的材料（真正的洞熊骨头）又复制了一支长笛，经一个熟练的长笛手吹奏后，人们发现其发出的音域几乎和现代的竖笛一模一样。使用古时候的工具来制作一支这样的长笛将非常费力，所以我们的史前祖先一定认为这件事非常值得。

在使用语言方面，我们的猿猴表亲们落下了一大截。然而，人类语言的许多核心特征，加上人们交谈时使用的非语言手段，都和其他灵长类动物的社交沟通方式如出一辙。用语言来交换复杂的、技术性的信息当然很重要，但这似乎不是语言一开始的作用。语言的出现让人类摆脱了动物社交方式的束缚，并将更大规模的群体成员连接在了一起。进而，为了提升语言沟通的效率，我们还是要在很大程度上倚重非语言手段（笑声和音乐），这就一下子又把我们拉回了在"梳毛"过程中经历过的相同的化学激励。最终，也正是在笑声和音乐中，人类开始塑造万物之灵的形象，即便某项特征并不是人类所独有的，人类也至少在频率和强度上独领风骚。

语言和音乐又带给了人类另一项重要特征，即丰富多彩的文化。

假如说文化是人性的标志，那么语言就很可能被称作人性的仆人。那么，这个叫文化的东西到底是什么？人类是唯一可以宣称自己拥有文化的物种吗？

THE HUMAN STORY

A NEW HISTORY OF MANKIND'S EVOLUTION

05

高级文化，
人类是唯一拥有文化的物种

文化与人类社会难舍难分。

语言不是必不可少的，高阶的心智理论能力才是关键所在。语言对于把故事从一个人（创作者）传递到另一个人（倾听者）至关重要，否则我们永远无法听到这个故事。但在脑海中创作故事的过程，不一定非要语言的参与。我们每个人都可以一言不发地创作一部属于自己的、宏大的莎士比亚式悲剧，并在其中运用各种精妙的艺术手法。这个过程甚至可以不涉及语言这种形式。

　　我们必须能够想象存在另一个不同的世界，能够假设这个平行世界存在于宇宙的某一个地方，而其中的生灵正以某种方式影响着我们。或者，反过来说，我们正以某种方式影响着它们。

画家猛地从遐想中回过神来，向四周的空地望去。旁边的那个人仍然在孜孜不倦地打磨着一只新的长矛，以后他还会为它装上一个燧石制作的矛头；两个女人依旧在一块毛皮上忙碌，这可是一项极费体力和精力的活儿。画家向一圈石头围起来的火堆走去，火堆的余烬之上架着一根木轴，一块鹿腰腿肉正在上面熏着。他还没反应过来自己在山洞里待了多久，就发现已经临近傍晚了，而他从早晨起来就没吃过东西。于是他扯了一条鹿肉，加了点调料，开始大嚼起来。

　　当他蹲在那里嚼着鹿肉的时候，他注意到两个女孩正一路笑着往宿营地走去。那个娃娃被她们留在了一个地方睡觉，现在她们回来了，其中一个女孩捡起娃娃，把它抱在怀里，就像在哺育一个婴儿。这幅景象将他一下子拉回了早已模糊的孩提时代。他想起来昨天为她们拿鹿角削制的东西，就站起身，走向空地边上的那座生皮覆盖的棚子，那是他和家人们晚上的住所。

他弯腰走进棚子，在棚子的另一头翻找起来。那里立着一根柳树柱子，整个棚子由柳树搭成了一个框架，棚子的外皮就绷在架子上并紧紧地钉在地面上。

他花了好一阵子才在一件毛皮斗篷下找到了他想要的东西。这件斗篷是他天冷的时候出去打猎时穿的。画家手里拿了一件柄状物，并将其从斗篷里抽了出来。原来是一段20多厘米长的鹿角，已经被他雕刻成了人体的形状。鹿角的另一头呈断齿状，他别出心裁地将其改成了头像，上面还有微小的鼻子和嘴巴。顺着鹿角他又切割出了胳膊和腿的模样。等把剩下的一小部分完成，他就可以送给女孩们一个精巧的娃娃了。

几天前，画家坐在那里看着女孩们在玩木片的时候，这个主意就冒了出来。她们的想象力让他惊叹不已：一根其貌不扬的树枝就可以变成一个可被照料、宠爱的婴儿。后来，他在一堆矛尾和其他物件之间找东西时，无意间看见了那段鹿角。这肯定是他干活时丢下的，而一看到它，一个婴儿的形象就在他的脑海中一闪而过。他笑了，想到如果能把这段鹿角加工一下，把它变成个娃娃，女孩们该有多么高兴。对了，还可以加上个鼻子，稍微勾勒一下还能做出胳膊和腿的样子。

昨天还没弄完，所以画家先把未完工的娃娃藏在了棚子里，想着等哪天有空了再来收拾。现在，他从一块熊皮下摸索出一个用于切割猎物的用燧石打成的刀片。手里拿着刀片和娃娃的半成品，画家离开了棚子，沿着小路朝山谷走去。几百米过后，他在一块河岸边冒出头来的石头上坐下，刀片开始在鹿角上行走，碎屑一片片落下来。不到一个小时他就大功告成了。这个娃娃现在有了一个完整的头部，小钩鼻，头顶和后脑勺上还有蚀刻出来的十字形花纹——这就代表头发了。胳膊和腿也一笔一画刻画得非常清晰。最让他得意的还是最后的神来之笔——一个小肚脐眼儿！他站起身，拍拍膝盖上的碎屑，走回宿营地。女孩们还在全神贯注地摆弄一个苔藓做的婴儿床，听到他叫就跑了过来。他拿出自己制作的娃娃，两个女孩一下子还没弄明白这是什么。

"我给你们做了个娃娃。"他边说边将娃娃举起来，好让女孩们看得更清楚些。

女孩们欢呼起来，忙不迭地将娃娃抢了过去。大一些的那个女孩将娃娃抱在怀中，口中还温柔地冲着娃娃说起话来，而小一些的那个也伸出手轻轻抚摸着娃娃的脸。

◆━━

文化与人类社会难舍难分。世界上没有任何部落或国家不宣扬自己的文化。人类学家一直把"文化"看作自家的院子，并把这当作他们学科的核心内容，所以似乎人类学家应该对"文化是否为人类特有"最清楚。然而事实是，人类学家连文化的定义都无法达成共识。在半个多世纪前发表的一篇著名论文中，两位卓越的美国文化人类学家阿尔弗雷德·克罗伯（Alfred Kroeber）和克莱德·克拉克洪（Clyde Kluckholm）通过文献检索得出结论：人类学家在使用"文化"（culture）或"文化的"（cultural）这类术语时，至少有 160 种不同的方式，这也太让人无所适从了。

不过，如果仔细地梳理一下这些定义，我们还是可以把这一堆概念归结到三组比较宽泛但合乎常理的主题上去。第一组，文化是以人类的意识为基础来定义的：不仅包括对如何行为处事的指导，还包括对于生命意义和内涵的描述，以及社会、宗教仪式中不同等级的行为准则等。社会人类学家在谈论部落社会的时候，经常引用"文化"的这个概念。文化在这里关注的是将共享同一个世界观的社会成员紧密联系在一起的规矩和原则。第二组，文化是以物质实体为基础来定义的。考古学家在研究过去的文明遗址时，经常使用这个概念。文化在这个意义上非常具象——锅、碗、瓢、盆、珠宝、武器、房屋、帐篷、玩偶、雕像，以及所有日常生活中大大小小的设施、用具……人类死后留下的一切物件。第三组，是所谓的"高等"、通常意义上的文化，包括艺术、音乐、文学、学术期刊等，其中很多是以语言作为展示和传播载体的。我们可以手把手地教授孩子们如何制作锅具，如何打造斧子，但如果孩子们事先没有掌握语言，也不理解用语言来表达思想是什么意思，我们就不可能向他们传授写小说的技巧。

语言文化：说话有多重要？

人类学家一直坚决反对"在这个世界上除了人类以外还有别的物种拥有文化"的观点。在他们看来，文化是人类独有的特质。文化既使人类凌驾于愚笨的动物之上，也使人类从自己的生物起源中脱颖而出。而动物受基因所限，只能被无意识的行动所驱使，困在其生物性特质的牢笼里。人类可以超越基因，罔顾生物性的要求。我们可以自愿加入修道院并放弃拥有后代，丝毫不在乎这是否违背生物性对繁殖的需求；我们也可以选择自杀，而这仅仅是因为我们要遵从某种荣誉或者宗教的理念，不管这是否违背了生物性对生存的需求。所有这一切都是因为人类拥有以大写字母 C 开头的文化（Culture，首字母大写代表人类专有的文化）。人类学家很少对没有灵性的野兽感兴趣（除非他们在研究人类所拥有的牲畜等动产），就算是关注，也总是带着轻蔑的态度。他们的主张通常干脆利落、充满快意：语言对文化至关重要，只有人类拥有语言，因此也只有人类拥有文化，鉴定完毕。

如果语言是文化的基础，那么由于动物在语言能力上的缺失，我们会毫不犹豫地排除掉动物拥有上述第三组意义上的文化的可能性。

聪明如黑猩猩，也绝无可能在篝火旁讲述过去的时光，或是取悦听众的古代英雄传说，抑或是像"火光之外，黑洞洞的树上藏着一群恶鬼"这样吓唬小孩的故事。大型类人猿都没能通过第三次文化考试，但这个考试结果本身多多少少有些策划过的痕迹，因为考试不及格的理由是：它们不会说话。

这就引出了一个关键问题：对文化而言，说话（或者说语言）有多重要？我赞同"文学和艺术是人类特有的"这类说法，但这仅仅是因为人类拥有语言而其他物种没有吗？例如，人们可以合情合理地争辩说，语言当然与文化的传播有关，但不见得一定与文化的产生有关。是否能够创造出一件手工艺品、一项制度或一首诗歌，都取决于某种深层的东西，而并非一种简单的传递机制。当然，所有人都会同意，如果没有传播和分享，文化也就不会成为文化。换言之，至少还有两组其他意义上的文化，大型类人猿说不定能符合其中一项啊。为什么不看看以物质为基础的文化和以意识为基础的文化呢？

工具和物质文化一直是化石研究者和考古学家工作的基石，因为人类对于自己的过去是什么样的更感兴趣。研究人员工作的方式是挖掘搜索古老的宿营地遗址，而在这个过程中，他们特别看重的是被刻意雕刻成某种形状的石头或者骨头。然而，直到 200 万年前能人出现，我们才发现了人类制造工具的确凿证据（不得不指出，即便是这些证据，近年来也受到了质疑），而在与南方古猿有关的化石记录里则一无所获。的确，有一些残缺的石块可以被认定为工具，但是更严谨的说法是倾向于认为这种情况是将石头当作工具，而不是煞费苦心地将石头"制造"成工具。这里需要强调的是"制造"这个词——捡起一块石头，把它当成锤子来砸开坚果是一回事；而先在脑海中构思出史前维纳斯的圆润身形，再将石头凿成这个形状，就完全是另外一回事了。

然而，我们也需要提防被化石记录误导的可能。当考古学家讨论古代的工具时，他们的注意力主要集中在石制和骨制的器物上，而这些东西在化石记录里都可以保存得很好。那么，利用木头或者其他植物性材质制作的工具呢？最早的有记录的长矛是在英格兰南部克拉克顿附近的砾石层里发现的一段木头，其中一端经过了火烤硬化加工，这支长矛可以追溯到 40 万年前。而这距第一个被确认的石制工具出现的时间，已经过去了 150 多万年。那么，在更先进的原始人类将石头按照设计好的样子进行雕刻之前，木头是否已经被用作工具了呢？当然，这些木头早就分离成原子形式了。那些宣称大型类人猿没有文化的人士，同样将注意力主要集中在了石制工具上，那么，他们会不会忽视了某些关键性的证据呢？本书的以下部分会对大型类人猿使用工具的证据加以讨论，在这之前，我们先看一看上述第一组文化的意义，即文化是想法和意识的反映。

这也许是三组定义中最棘手的一项，因为截至目前，我们是无法知道一只动物的想法的。严格意义上说来，我们也无法了解另一个人的想法。我们有时甚至会说自己把握不住内心世界，要了解别人的感受和想法难度就更大了。我如何能知道别人的文化信仰呢？大多数时候，人类学家只是向人们询问他们对某件事的看法，几乎不怎么考虑其哲学意义上的细节和精密程度。于是问题往往是："你认为人类的起源是什么？""你认为人死后是怎样的？"。

如果仅针对人类进行研究，没有问题，因为我们可以询问对方的想法，找出一些证据来证实或否定结论。我们的常用手段是类比，如果我不小心拿锤子砸了一下大拇指，我会"哎哟"大叫一声，脸会因为疼痛而扭曲变形。如果你也干了同样的事，而且你在大拇指被砸后所说的话和我一样，那么我就可以得出结论：你和我有着一样的感受。如果你对我说你相信春天里有一个恶魔，我可能也会相信，因为我大概知道你为什么这么说，同时日常交往的经历也让我觉得咱们两个的思维方式比较相似。然而，当我们想把类比的方法推广到其他不具备语言能力的物种身上去时，就力不从心了——尽管我们有时会认为自己了解自家宠物的想法。认清现实吧，我们无法揣摩动物的心理。

更重要的是，也许我们应该回归本质：**语言是传承文化相关行为和指令的一种手段**。尽管语言会对知识的传递产生约束或限制作用，但语言既非文化本身，也不决定文化。从这个意义上来讲，我们仅仅因为动物没有语言，就断言动物没有文化是不公平的。这就好比一个人没有写作能力，我们就断定他也没有构思故事的能力。文化蕴涵在想象力的飞跃之中，包藏在对每一个虚构事件的构思和推敲之中，而不一定要落诸纸面。讲故事的艺术性关键不在于讲，归根结底还在故事的创作本身。当然，讲述故事这个动作使得故事具有了社会性，从而进化成了文化传统的一部分。但不管怎样，故事的内容远大于形式。

我们需要一些更具体、可观测的东西来研究那些不具备语言能力的物种。一种办法是重点关注仪式性的行为，这些行为正好是人类学家在研究过程中最看重的东西，研究对象包括世界各地的种种异国风情和部落风俗。这样一来，由于各种仪式和行为都是可见的，研究的根基就可以稍微稳固一些了。这样做的难点在于发现隐藏在行为背后的推论是什么。恰恰就是在这个环节上，我们和心理学家碰到了一起。心理学家的关注点在于文化怎样在个体之间传播，在他们眼里，文化只是由特定的社会过程所承袭的某些东西，至于文化到底是什么，他们并不会费心去考虑。

在一头扎进这个话题之前，我们先来看看猿类身上的物质文化现象吧。

物质文化：石头、棒子，不容小觑

比尔·麦格鲁（Bill McGrew）在两个阵营里都颇有建树。他先是通过与幼儿游戏行为有关的研究斩获了行为学博士学位，后来又基于对黑猩猩文化行为的研究获得了社会人类学的博士学位。他所忧心的是人类沙文主义思潮，即只有人类才拥有文化。麦格鲁力图揭示的是，人类学家在使用"文化"这个术语的时候，实际上已经断绝了将人类和大型类人猿的物质文化区分开来的可能性。麦格鲁的主要论据是，黑猩猩在日常生活中使用的各种工具，如钓白蚁用的树枝，用作锤子的木棍等，都很难长期保存下来，而现代人类创造的很多工具、制品却留存了下来。在考古记录中找不到黑猩猩使用的工具，并不意味着它们不存在。

我们也许可以从两种角度来分辨黑猩猩的文化。第一，动物为了解决某一个问题所使用的物品（或有时候制造的物品）是什么。对黑猩猩来说通常是与食物有关的物品。第二，主要是与猿类群体的习性、行为有关，同时还能够利用这些习性及行为将一个特定的猿类群体和其他群体区分开。

在黑猩猩的各种文化形式中，最有名的工具使用和制造活动也许就是钓白蚁了。珍妮·古道尔最早于 20 世纪 60 年代中期在贡贝发现了这类活动，当时并没有引起太大反响。人类和动物都会把白蚁当成一种美味佳肴，但白蚁的巢穴就跟混凝土建筑一样坚不可摧。猎取白蚁是件很难的事情，只有当雨季来临，白蚁们参加年度交配仪式的时候，它们才会给捕食者提供可乘之机：人类或者动物，可以趁白蚁在空中飞行的时候抓住它们，或者在它们翅膀脱落、在地上扭斗的时候拾起它们。然而珍妮·古道尔发现，贡贝的那些黑猩猩已经解决了这个问题，从而在一年中的任何时候都可以吃到白蚁。它们是这样做的：选一根长的草茎或树枝，剥去侧枝和叶子，再将草茎或树枝从白蚁巢穴的入口孔仔细地捅进去。兵蚁们会立即冲向入侵物，用它们的大颚紧紧咬住，当黑猩猩再小心翼翼地把草茎或树枝抽回来的时候，它们也不松口。然后，黑猩猩要做的就是将草茎在牙齿间轻轻一拉，就可以享受到满口肉嫩多汁、富含蛋白质的白蚁了。

后来，古道尔又目睹了黑猩猩们用类似的方式钓取狩猎蚁（safari ants）。凡是在非洲住过的人都知道，狩猎蚁是一种声名显赫的生物。时不时地会有由上百万只狩猎蚁组成的庞大纵队，浩浩荡荡地去寻找新的巢穴。路上碰到的任何活物都会立刻被凶猛异常、体长达一厘米的兵蚁啃咬至死，然后再被后面跟着的工蚁和繁殖蚁们吞食掉。就算是一具羚羊尸体，也会在几个小时之内被狩猎蚁啃食干净。而贡贝的黑猩猩发现，只要在狩猎蚁大军外一个相当的距离站定，它们就可以斜着身子，将一根棍子插到狩猎蚁中间。等兵蚁们争先恐后地爬上棍子，准备找搞事情的源头大干一场的时候，黑猩猩再撤回棍子，用另一只手的食指和拇指迅速地把蚂蚁抓成一团，然后动作流畅地往嘴里一塞，就可以大嚼一通了。结果是又惊又喜，惊的是万一学艺不精，身上最脆弱的部位就会被咬到，喜的是轻轻松松就可以享受一顿美味的营养餐。

这些特定的行为是贡贝的黑猩猩族群所特有的，哪怕在坦噶尼喀湖以南仅几百公里远的马哈尔山国家公园（Mahale Mountains National Park）也没有发现。然而，有研究人员在一些西非黑猩猩族群中也观察到了类似的举动，但具体方式有所不同。那里的黑猩猩不是使用又长又细的草茎或树枝来钓白蚁，而是将小棍的一端咬成牙刷的形状，这样白蚁们就可以咬这些小棍了。也许就是这一点微妙的差异揭示了一个关键点，即这些文化习性仅限于特定的族群。在过去的某个时候，一只黑猩猩发明了一种特殊的技术，周围的个体都跟着它学，然后这种习性就在族群内蔓延开来了。但是，随着时间的推移，这种技术保持了一种相对稳定的形态。原因在于其他个体都只是模仿，并没有通过试错的过程来进一步完善。在这些技术的发明者死去后很久，它的后代和同伴仍然在以同样的方式钓白蚁或者砸坚果。看起来它们只是将技术一代又一代地简单复制下去，即便最初的发明者可能是通过自发的试错过程来做出发明的，但它的后代们也只是亦步亦趋而已。

技术在同一个族群内保持一致，在不同的族群内却千差万别，这说明这些技术在本质上都源自一种社会学习，而不是全部动物个体试错行为的产物。如果每个个体都在自发地试错，我们就不会看到不同族群之间的差异，相反，我们应该会看到不同的技术在每个族群内都有用武之地：为了解决某一难题，每个个体都在独立地寻找可行之道。这样，族群之间或多或少都会出现同样的行为。

有人也许会质疑，尽管工具的使用及制造在黑猩猩族群（也许还包括猩猩族群）中已经很普遍了，但这又如何呢，不就是些棍子、石头和树叶吗？以树叶为例，树叶被黑猩猩用来擦拭伤口上的脓血，或者被用来当作海绵，从够不着的树洞里取水。人类也会这么做，但问题是，这有什么值得大惊小怪的吗？看看人类制造出来的人工制品，再看看黑猩猩的成果，我们有足够的理由对任何将两者加以比较的做法都嗤之以鼻。黑猩猩能造出犁来吗？驴车、弓、箭呢？更不用说古巴比伦的空中花园和吉萨的胡夫金字塔了。

麦格鲁则告诫我们不要轻易下结论。如果我们将黑猩猩的工具箱（大概有十几种记录在案）与技术上最落后的人类文化中的工具箱比较一下的话，就会发现黑猩猩们干得并不赖。就拿塔斯马尼亚人为例，在于 19 世纪末被白人殖民者消灭之前，他们还处于一种非常基本的狩猎采集生活状态之中。在最后一个冰河时代末期，极地冰帽融化，海平面上升，他们与澳大利亚其他原住民文化隔绝了大约一万年。由于缺乏文化的交流融合，很多在其他原住民那里司空见惯的人工制品，在塔斯马尼亚人这里早已缺失，甚至连需求也没有了。很多后来的发明压根儿就没有跨过巴斯海峡（Bass Strait）。他们没有陶器、五金、弓箭、鱼钩、长矛投掷物、飞镖和独木舟等物品，而所有这些都是在澳大利亚大陆上常见的。实际上，我们根据考古记录发现，在塔斯马尼亚人自己的早期历史中，他们曾经造出了其中的很多物品。据我们所知，在灭绝前，塔斯马尼亚人的整套工具箱中只包含了区区 18 项，包括挖东西用的棍子，一些非常基本的石头器具，长矛、草绳、篮子、隐蔽所（伏击猎物时使用）和陷阱（捉鸟时使用）等。简而言之，这张清单在长短或内容上，与人们已经认可的现代黑猩猩使用的工具相比，并没有什么大的不同。

如果我们不去计较黑猩猩和现代人类的工具箱在质量上的差异，那么塔斯马尼亚人的工具中，只有两样黑猩猩没有——盛东西用的容器（如篮子、葫芦或瓢）和建筑设施（如隐蔽所、陷阱）。其余的，正如麦格鲁所说，如果你在博物馆里看到它们，不去查看标签，你根本分不出来这是黑猩猩还是人类制造的。

同样的情况也适用于西非黑猩猩，它们拿石头当锤子，并用这些锤子来砸开几内亚油棕的坚硬果实。由于黑猩猩记得它们上次把锤子扔在了哪里，下次它们再去一片新的棕榈林的时候，还会记得带着这些锤子，于是这些石器就被反复地使用。因此，这些石器上留下了独特的磨损痕迹，而这些痕迹与原始人类在 200 万年前使用的最早期的石器上所留下的花纹比起来，还真有一些相似。就形状和磨损痕迹而言，我们有理由反思：我们是否可以绝对肯定，那些在化石记录里留下的石器，的确是原始人类而非猿类留下的吗？考古学家们一直假设这些石器是人类活动的产物，从某种意义上说，也是某种先进的人类意识的表现。但这种假设是正确的吗？当然不是，我们不能百分百肯定，所以当我们利用考古记录的时候，需要更谨慎一些。

最近，通过对黑猩猩文化的仔细梳理，人们已经列出了超过 39 种工具和行为，每一种都是存在于某些但不是全部的族群之中，这些都可以被推定为一种文化现象。除了我们现在熟悉的棍棒、石头等，每一个黑猩猩族群都有一些自己的"怪癖"。其中之一是一种黑猩猩在相互梳毛时采用的特殊形式，在总计 7 个研究现场中，人们只在 4 个情境中有所发现。这种形式是这样的：两只黑猩猩面对面坐着，互相将手腕靠在一起，然后同时去梳理对方举起的前臂。此举动看似无足轻重，却引起了人们的巨大兴趣，因为这是一种只有个别黑猩猩族群才拥有的行为习惯，例如东非的马哈尔山国家公园和基巴莱国家公园（Kibale Forest）中的黑猩猩。而附近的其他族群对此一无所知，例如贡贝国家公园和布顿哥森林（Budongo Forest）中的黑猩猩。黑猩猩以这种方式来表征不同的族群，跟人类的方式有着异曲同工之妙：当表征自己的时候，大多数欧洲人会指向自己的胸部，而日本人会指向自己的鼻子。或者，当人们招手示意的时候，北欧人是手心向上，而南欧人和非洲人是手心向下。麦格鲁认为，既然我们会毫不犹豫地指出这是人类社会间的文化差异，那么我们也应该对黑猩猩一视同仁。人类要"一碗水端平"，不可存物种歧视之心。否则，人类就在试图保持自身独特性的同时，犯下了不可饶恕的错误，这就跟足球比赛时不能为了命中球门而去移动球门门柱一样。

医药文化：赤脚医生上场

引起人们极大关注的另一个现象是黑猩猩对于草药的使用。一些研究表明，在某些黑猩猩族群里，天然药物的使用非常普遍，甚至到了令人惊讶的地步，而这些药物确确实实给它们的健康带来了益处。的确，黑猩猩对很多草药的使用方法和当地部落几乎一模一样。迈克尔·霍夫曼（Michael Huffman）和他在日本灵长类动物研究中心的同事们的研究显示，黑猩猩会出于治疗而非营养目的，食用大约 28 种植物，包括浆果、树叶、木髓、树皮等。这些植物往往口味发苦，或者毛刺众多、难以下咽。很多时候，黑猩猩会选择咀嚼或吮吸植物，攫取汁液后再吐掉剩下的纤维。在黑猩猩食用的植物中，有一些已知含有能够杀死多种寄生虫（包括一类肠道蠕虫，对非洲的人类和猿类都会带来危害）的药理活性成分。例如，在加纳，一种被称为阿比西尼亚榼藤（Entada abyssinica，含羞草科）的植物的树皮，就被当地人用作催吐剂和用于治疗腹泻，住在东非马哈尔山国家公园的黑猩猩们也掌握了这个技能。这种植物也表现出了显著的抗疟疾和抗裂体吸虫的功效。裂体吸虫是另一种主要的寄生虫，包括肝吸虫、血吸虫等，可导致由蜗牛传播的引起人体器官功能衰竭的血吸虫病。两者都是非洲农村人口面临的主要威胁。

在坦桑尼亚的马哈尔山国家公园和贡贝国家公园内，研究人员还观察到了黑猩猩食用一种苦味的斑鸠菊属植物的内芯，而人们在刚果的卡胡兹－别加国家公园（Kahuzi-Biega National Park）同样也有所发现。尽管这种植物在撒哈拉以南非洲地区广泛分布，但由于数量相对稀少，经常需要黑猩猩们绕很多路才能找到。在食用这些植物的内芯的时候，黑猩猩会小心地除去外皮和叶子。而旁边的其他动物通常意识不到它们在做什么，还是自顾自地按照传统方式进食。这说明，食用这种植物的动物都是有意冲着这种植物而来的，它们往往已经表现出了肠道紊乱或者寄生虫感染的迹象。而在食用完毕后，它们的健康状况毫无例外地得到了很大改善。

我们该怎么解释这种行为呢？如果说医药是人类文化的一部分，那么我们凭什么否认我们的非人类表亲们就没有这种文化呢？

有人对这种说法提出了反对，主要是因为如果我们想承认动物具有和人类相类似的文化，就必须绝对分清楚这里所说的文化是不是一回事。有一个问题是，我们通常很难区分动物的某项行为是自发学习的结果，还是从其他动物那里抄袭来的。例如，对于药用植物的使用，也许真的是由于每一个动物个体都出于好奇品尝了某种植物，结果发现有时感觉一下子好了很多。果真如此的话，那的确不需要知识的传递和共享。我们所看到的，只不过是一小撮动物个体机缘巧合的发现，每一个个体也都只是在独立发现、独立行事。由于寄生虫的生存条件和抗寄生虫植物的分布都非常广泛，所以从这个意义上讲，也的确很难将个体学习行为和文化传播行为区分开来。

但有一点是可以肯定的，黑猩猩和人类使用草药的方式有一个关键的不同点在于：黑猩猩给自己的偏方中没有任何魔法的元素存在。人类的传统医学中则充斥着超自然的元素：萨满、巫医大行其道，他们不仅规定了行医方法，还会从一个我们看不见的世界里召唤神秘的力量，举行各种特殊的仪式，向各种隐形的幽灵施以符咒，似乎只有这样才能够确保药到病除。在黑猩猩的世界里，这样的情景从未出现过，服用草药看起来完全是一种个体行为。

且慢，我们再回头想想早些时候对过于强调语言的作用所产生的担忧。我们是不是应该坚持认为，文化的真正标志是个体能够从其他个体处获取某种习性这样一个事实？这种获取是通过某种社会学习方式实现的，而人们在起初的时候也许根本没有意识到社会学习的好处。

由于在这一点上存在不确定性，心理学家们特别强调了获取行为模式所需的心理机制。他们的观点是，只有在满足以下两种条件时，我们才能确认一个文化传承行为。第一，行为或者信念与日常生活中遇到的任何生态问题以及其他生物的问题无关，也就是说这种行为或者信念无法通过在遇到一个特定的环境问题时试错的方法习得。第二，行为或者信念是无意中从其他个体身上习得的，而之所以能够复制这种行为或信念，仅仅是因为源头上有某位个体曾经这么做过。能符合这样严苛的条件的，一定是一个真正的文化现象。其中不排除这样一种可能性：许多其他有实际价值的行为也许无法通过文化传播开来。心理学家们还说，前文中的所有例子都无法确定某种行为到底是个体的试错、学习，还是一种盲目的社会传播。对于后者，我们在搜寻与非人类物种的文化有关的证据时，要打起十二分的精神。

社会学习：追寻圣杯的菜鸟们①

早年针对动物的文化行为的研究已经有很多了，例如，在 20 世纪 50 年代，人们发现英国山雀能掀开老式牛奶瓶盖，日本猕猴会洗红薯等。而涉及这些行为的社会传播，都曾经被大力吹捧为动物文化的例子。据称，这些行为都经历了从一个个体传递到另一个个体的过程，也可以称之为观察性学习（observational learning）：看见、复制。这跟人类的文化行为不是一样的吗？

然而，近年来质疑声此起彼伏。质疑的观点不是说这些日本猕猴和英国山雀没有采取这些行动，也不是说它们的后代习得这些行为方式不是一种社会过程。这些说法都不容置疑。人们质疑的是，这些现象是否属于真正的社会模仿现象。经过仔细研究论证，比较心理学家们得出了一个结论：社会学习不是由单一的学习机制支撑的简单现象。进而，他们提出了可以引发社会学习的至少三种相互独立的机

① 圣杯：相传是耶稣同十二门徒进最后的晚餐的时候所使用的酒杯，在基督教传说中有很多寻找圣杯的故事。圣杯经常用来比喻努力想要却无法得到的东西。

制，分别是刺激增强（stimulus enhancement）、仿效（emulation）和模仿（imitation）。

这三种机制之间的差异在于示范者和模仿者之间传播或者传递的内容。"刺激增强"过程以动物所需要解决的问题为中心。换句话说，模仿者的注意力首先被吸引到了现实世界中的某一个问题上，然后通过反复学习，自己找到了解决方案。一只善于别出心裁的山雀通过不断试错，发现牛奶瓶的顶部可以被撬开，然后它就可以尝到飘浮在顶部的奶油。后来，它的伙伴们发现它经常趴在一个牛奶盒上，就如法炮制。于是，它们了解到在这些奶瓶里有一种营养丰富的食物。再后来，它们试图落在其他牛奶瓶上，却发现上面有个盖子让它们难以一饱口福。又是一番反复试验，它们终于自己悟出了怎样开瓶盖。慢慢地，整个山雀群都学会了这一招。然而，症结恰恰就在这里，这种习性传播的速度真的很慢，如果鸟儿能够不用自己探索，而只要从伙伴那里模仿这个举动，速度就能快许多了。太慢的话，整个习性的养成就会有头无尾、半途而废。

"仿效"机制几乎称得上是"刺激增强"的逆向版。在这种情况下，模仿者会观察示范者的行为，并以这种行为的效果为导向，以此来决定是否去解决某个问题。例如，最早清洗红薯的日本猕猴中有一只小母猴叫"伊莫"，它的同伴们发现它拿着红薯在海水里不知道在干什么，就有样学样也把红薯泡在了海水里。结果它们发现海水能洗掉红薯上的沙子，而且红薯也变得更可口了（也许是海盐增强了咸味的缘故），于是大家纷纷仿效、乐此不疲。它们并没有完全抄袭伊莫的行为，而是把它当成了自己探索大千世界的向导。同样，这种习性传播的速度并不快，其他个体仍然需要多次尝试而非原样照搬：在伊莫所在的日本猕猴群里，平均每只猴子要花整整两年时间来学会洗红薯。考虑到猴子们的做法不是照本宣科，而是靠自己找到解决问题的方法，这种结果倒也合情合理。

相比而言，真正的"模仿"才是简单地照着现成的样子做，并不费心考虑某种行为的意义是什么。这就跟人类追随甚至盲从时尚潮流是一样的。偶像一旦出现，他的一举一动都有人亦步亦趋，管它缘由呢！所以，一个人之所以戴帽子是因为帽子有用，而把棒球帽的帽舌往后一拉，就纯粹是因为我们看到有人曾经这么干过了。

人类，尤其是幼儿，特别擅长模仿。曾经有一些研究试图教会猿类幼崽和人类儿童做某项特定的任务，例如怎样打开盒子、获取食物等。不同的是，有些猿类幼崽和人类儿童被教导以一种较为容易的方式打开盒子，其余的则被教导使用另一种困难一些的方法。人类儿童是教什么、学什么，而且都很开心。猿类呢，多半是倾向于使用简单的办法，而不是重复人类示范者的动作。人类儿童跟着演示学习、复制的速度令人印象深刻。而对猿类而言，整个学习过程太费劲了，它们最终或许能学会，也要花很长时间才能达到熟练的地步。而人类儿童常常只需要一两次演示，就可以得心应手地掌握技巧。

尽管如此，我们还是要小心，不要过度解释这些差异性。在测试中，黑猩猩有时确实也可以成功地复制它们所见到的行为。在野外环境下，同样也存在曾经发生过模仿过程的证据。一个例子是东非贡贝的黑猩猩和西非塔伊森林（Tai Forest）的黑猩猩在引诱蚂蚁时使用的不同技术。前者采用一根约60厘米长的棍子，而且一直要等到蚂蚁们爬到棍子一半的位置，才用食指和拇指把它们顺手一捋。这个动作平均每分钟2.6次。而在塔伊森林里，黑猩猩们使用的棍子稍短一些，大约30厘米长，而且等蚂蚁们一爬到棍子1/3的位置，它们就会忙不迭地把棍子在嘴里一抹。这种花招平均每分钟上演12次。然而，塔伊森林里的黑猩猩每一次动作所能获取的蚂蚁数量要少很多，最终的结果是，贡贝的黑猩猩战果更多——大约每分钟760只蚂蚁。相比起来，塔伊森林的黑猩猩们只能做到每分钟180只。如果在整个过程中存在试错学习的过程，塔伊森林的黑猩猩们一定能找到更高效的办法。但实际上，它们尚无建树，这说明黑猩猩们的习性或许不是通过"仿效"，而是通过"抄袭"获得的。

当然，心理学家们不会无条件地接受从野外获取的随机观测结果。

我们对上述两种钓蚂蚁的行为模式的历史一无所知。而在毫无约束的情况下，我们很容易受到"聪明的汉斯"效应的影响。我们常常对某种行为的背景一无所知，更对这种行为可能涉及怎样的学习过程毫不知情。也许西非狩猎蚁的行为和东非蚂蚁大相径庭呢？也许基于这个原因，把贡贝的钓蚂蚁技术照搬到塔伊森林的话，黑猩猩们就大祸临头了呢？我们根本不知道也无法知道，其中有着太多的未知和变数。因此，心理学家们更青睐于在实验室里精心控制的实验，尽管有时候这些实验看起来人为痕迹过重。

在社会学习中还有一个过程我们没有考虑，那就是教学。我们可以把教学看作一种引导学习。在人类社会中，教师监控着学生的一举一动，还会在他们出现错误时予以纠正或指导。这显然是一种只有人类才有的特定行为。教学过程使我们可以通过尽可能少地犯错来迅速地学习许多人类的文化特质，而正是这些特质造就了人类和人类社会。在试图辨识我们和猿类近亲之间的差异时，我们还应谨慎，不要过分强调教学的作用。毕竟，教学只是起到了一种加快学习进程的作用，它本身并不是学习的过程。本质上，学生学习的方式还是模仿、复制、试错。尽管如此，我们仍然有理由发问：教学到底是灵长类动物的一种普遍行为，还是人类所特有的？

对这个问题的简单回答是，跟人类相比，教学行为在动物世界里极其罕见。可以肯定的是，人们在动物世界记录下来的某些案例与教学行为很相像。猫妈妈经常把半死不活的老鼠或者小鸟扔到小猫面前，让它们练习杀戮技巧。黑猩猩母亲会把完好的坚果交给子女，让它们自己开壳。然而，我们可能需要把"促进"（facilitating）和"教学"（teaching）两种概念分开，促进是提供机会让学习者试错，教学则是刻意给学习者演示做事方法。

克里斯托弗·伯施（Christophe Boesch）研究塔伊森林里的黑猩猩已经有 20 多年了。就"促进"而言，他曾经记录下了很多个案例，但是对"教学"只记录下来两个典型例子（不少人甚至认为这两个例子只是人类一厢情愿的解释）。一个例子是，黑猩猩母亲放慢并调整了砸坚果的速度，以让其子女跟得上。另一个例子是，黑猩猩母亲在孩子砸坚果遇到麻烦的时候，改变了一下坚果的位置。但是，黑猩猩们平均仍然需要花上 10 年之久来学会得心应手地砸坚果。相反，一个人类儿童只需要几个星期的强化训练就可以自如地系鞋带了，而系鞋带实际上比砸坚果要复杂得多。跟前面讲到的山雀和日本猕猴的例子一样，这些学习行为都是基于简单的刺激增强或者仿效机制，顶多再结合一点试错过程，算不上是模仿和教学。

正如迈克尔·托马塞洛所指出的，人类教学行为的关键在于意向：教师会去刻意纠正学生的行为。那么，塔伊森林黑猩猩身上发生的两个例子符合这个标准吗？答案是：或许是的。即便如此，科学家们在非洲的不同地区已经观察了黑猩猩那么多年，也只能找到这两个例子，这个数字已经很能说明问题了。显然，教学行为作为一种能力在黑猩猩族群里是存在的，但绝不像人类社会中那样频繁，日复一日、永无止境。

在对人类和猿类的认知能力发展开展比较研究的时候，我们得到了一个意外成果。人类幼儿是模仿机器，他们吸纳任何事物，会尽一切可能模仿他人的行为。教学行为固然起到了引导作用，但是如果没有人类幼儿这种近乎无限的模仿能力，很难想象父母的言传身教到底能起多大作用。相比之下，在独立探索这件事上，小黑猩猩反倒显得更加积极主动。这种比较结果的确有些让人困扰，因为人们一般把抄袭复制当作一种低等能力。这算什么高级能力呢？从这个角度来说，为什么地球上公认的具有认知能力的物种反而不如那些先天不足的猿类呢？

猿类文化：到底是否存在？

有关"黑猩猩的文化"的例子令人印象深刻——我会毫不犹豫地采用文化这个词来描述这些现象，但归根结底，还差那么一点。首先，这些文化现象太稀缺了，让人心里很不踏实。研究人员总计数十万个

小时的观察，囊括了圈养和野外环境，在黑猩猩身上只发现了总计 39
种文化元素，这个数目能够说明一些问题。如果我们针对人类开展同
样的实验，想都不用想就能发现非常多的例子，而就算是把黑猩猩的
例子数目乘以 10，相比起来也会黯然失色。但这还不是最大的缺憾：
在大型类人猿的群体里，我们还没有发现任何形式的行为能够组合起
来的迹象，更没有看到人类文化最基本的形式，也就是故事和音乐。
至于宗教和各种仪式，以及让我们超然于现实生活的精神世界，统统
没有踪影。

我每每想到这点就觉得，黑猩猩之所以既写不出莎士比亚的戏剧，
也创作不出波德莱尔和艾略特的诗歌，有一个根本性的原因。简单地
讲，是它们的意向性水平不够。即使大型类人猿有那么一点心智理论
能力（二阶意向性），它们也没有足够的能力来创造大部分人类才有的
文化现象。当莎士比亚写下《第十二夜》的时候，他打算（1）让观众
们意识到（2），备受嘲弄的马伏里奥（Malvolio）相信（3）他的情妇
奥丽维娅伯爵小姐（Olivia）希望（4）与他结婚（意向性的阶数以数
字标注）。当他写作《奥赛罗》的时候，他又打算（1）让观众意识到
（2）那个摩尔人（即同名主人公）相信（3）他的旗官伊阿古确实如其
所述，知道（4）他心爱的苔丝狄蒙娜喜欢（5）卡西奥。莎士比亚的
写作中包括了一系列的四阶意向性和五阶意向性的工作，我们在第 3
章中曾看到过，即便对拥有超出平均智力水平的人来说，这种写作也

是个不小的挑战。就算黑猩猩会说话，它们也理解不了这种环环相扣的情节——尽管理解这些作品所需的意向性比创作这些作品时所需的意向性要低。尚无证据表明，除了人类，还有什么物种拥有比二阶更高的意向性水平。

总之，对文学来说，语言不是必不可少的，高阶的心智理论能力才是关键所在。语言对于把故事从一个人（创作者）传递到另一个人（倾听者）至关重要，否则我们永远无法听到这个故事。但是，在脑海中创作故事的过程中，语言的存在并不是唯一条件。我们每个人都可以一言不发地创作一部属于自己的、宏大的莎士比亚式悲剧，并在其中运用各种精妙的艺术手法。这个过程甚至可以不涉及语言这种形式。我可以把宇宙中所有的故事用一种所谓的"思想语言"（language of thought，人类头脑中无言的、可视化的意识流）描述出来。也许这样一来，别人就无法欣赏我自视甚高的鸿篇巨制了，但就像俗话说的，这不是我的问题啊。这很像英国文学家塞缪尔·佩皮斯（Samuel Pepys）以自己的特定符号来写日记一样，只是为了自娱自乐。

虽然如此，但是如果说通过这种"沉默的文学创作"就可以构建高度的文化，还是有些勉强的。没有讲故事的人，没有听众，没有这样的一个群体，哪里来的所谓的文化？在这样的群体里，对我所讲述的每一个故事，听众都要根据他们个人的生活经历进行解读，并打上好恶的标签，同时还要添油加醋一番。这，才是确确实实的人类文化。讲故事也是文化的一部分，因为故事可以影响他人的思想。严格来讲，讲故事本身也不一定需要语言，只是一定要有某种沟通方式。哑剧这种表演形式就可以表达很多意思，埃及的象形文字也很传神。然而，它们都比不上语言。

如果说文学是人类所特有的，那么它是否提供了一些线索，让我们了解它是何时发展起来的呢？答案是：没有。原因是故事本身变不成化石。但的确有一种讲故事的形式是可以在考古记录里找到印迹的——宗教。宗教的产生要求人类能够想象出一个无法直接体验的世界，我们必须要从日常接触的世界中退出，并提出以下问题："世界可以跟我体验到的不一样吗？是否存在一个平行世界，使我无法以现世中的方式直接看到、摸到平行世界中的物体和个体？"我们必须能够想象存在另一个不同的世界，能够假设这个平行世界存在于宇宙的某一个地方，而其中的生灵正以某种方式影响着我们。或者，反过来说，我们正以某种方式影响着它们。

人类和猿类之间存在的一条巨大鸿沟正愈发清晰：想象。人类可以想象：事情也许不是这样的。我们可以假装花园地底下有一群仙女。仅基于头脑中想象出来的事物，我们就可以构建各种仪式和信念。其他动物做不到这一点，因为它们不能从当下的世界中脱离出来并思索这样一个问题：如果不这样，世界会怎样？

　　到目前为止，我们一直在小心翼翼地避开一个话题：宗教，接下来就让我们好好地谈一谈宗教吧。

THE HUMAN STORY

A NEW HISTORY OF MANKIND'S EVOLUTION

06

群体意识，
信仰是一把双刃剑

每一个人类部落都对某个精神世界有着某种形式的信仰，
而且其中的大多数都对"来世"有着某种解读。

人类会利用事物之间的相关性来获取知识，预测未来。如果有一种模式可以帮助人们理解其他现象，那就可以大大降低人类的认知负荷：人们就不用记住那么多零碎的关系，而只要记住几条基本的、能够提供一致性解释以及推导出其他现象的原则就够了。问题的关键在于，这个模式本身是什么以及是否能够真实地反映现象世界其实并不重要。而为了确立这种模式，只需要找到一种理解、诠释周围世界的方法，并将各种表面上不相干的部分以一种符合逻辑、内洽的方式关联起来。从某种意义上说，这个大的模式越简单明了，就越行之有效。

舞蹈一直延续到深夜。

第二天早上他醒来时，为即将发生的事情感到振奋不已。男人们早早地在河边聚集在一起，接着，大家将沿着小道穿过树林，向着山谷高处走去。一个小时后大家会抵达岩洞。他们将从墙上的壁龛里拿出石雕的灯具，再小心地用一束从篝火处带来的火绒点亮它们。在闪烁不定的灯光中，昏暗的光线将照亮前方的黑暗，时刻提防着熊或者狼的出现。

几个小时后，他所设想的一切都实现了。现在，他们还在山洞里，正准备开始一段早已走过多遍的缓慢行程。他们越走越深，空气也越来越潮湿，他几乎可以尝到其中的霉味了；水从岩石上各处渗了出来，顺着岩壁流到崎岖不平的地面上，形成了一个个水坑和一股股溪流。男人们就在这湿乎乎的、狭窄的道路上缓慢前行，一点一点地朝着前面的黑暗走过去。

终于，他们的眼前豁然开朗，面前出现了一个巨大的洞穴。他们将灯光向洞顶照去，却什么也看不到，只有人们低声讲话时的回声表明这里洞顶很高，空间很大。那些拿着灯的人将灯具集中起来，围在一起堆放在洞穴中心坑坑洼洼的岩石地面上。接着，他们敛声息语，回到了还在洞穴门口附近等候的其他人那里。

大家就这样等着，按照惯例，接下来要由年龄最大的老者带头。但老者只是坐在那里，似乎已经陷入了沉思。在湿冷的岩洞里画家有些发抖，但他知道合适的时机很重要，所以和其他人一样，他也耐心地继续等待着。洞中鸦雀无声，只是在有人笨拙地想换换姿势的时候，这里的宁静才会偶尔被打破。

仿佛在等了无穷无尽的时间之后，老者最终站起来走到了洞穴的中心。其他人则默默地跟在他后面，围成一个圈。老者开始哼唱，他那深沉的男低音连绵不断地飘入空中，洞穴之歌就此在空荡荡的洞中盘桓、徜徉。老者又开始沿着一个以灯光为中心的大圈转动起来，跟前一天晚上和那个年长的妇女在篝火旁跳舞的方式一样，每一个步点他都踩一下脚，四肢也随之舞动。其他人则一个接一个地加入合唱，声音越来越大，旋律在穴壁之间来回激荡。这时，一些柔和的声音也参与进来，与深沉的低音恰到好处地融合在了一起，那种缥缈、空灵似乎有一种摄人心魄的力量，让人们不由自主地紧张起来。接着，人们跟在老者后面排好队，很快，他们的身躯都融为了舞蹈节奏的一部分。

过了一阵子，舞蹈又发生了变化。在男人们随着歌曲的节奏上下起伏、左右摇摆的时候，每转一圈，大家的节拍就会稳步地变快一些。突然间，人们汗如雨下。激烈的舞蹈使得人们歌唱的气息有些难以为继，但画家知道，他必须坚持下去。渐渐地，那种既熟悉又陌生的神秘事物必将现身，舞蹈、歌曲必将开始施展魔力。这一刻即将到来。

果真如此。某种液体滴溅在他的胸前，沉重、黏稠，这不可能是汗水，而是血从鼻子里滴落了下来。接着，他的头就像炸了一般，一股强烈、耀眼的光芒随之包住了他，惊奇、狂喜随之涌上心头。刹那间，他脱离了自己。他能够感觉到自己正在空中优雅地飞舞，而身躯却倒在了洞穴的地面上。周围星光灿烂，他已身处灵界。

画家看到，黑暗中隐约有一个高个子的半人半鹿生物。它慢慢地跑到他跟前，温柔而又好奇地用鼻子在画家身上蹭来蹭去。每次画家到了这个世界，这头神兽都在这里，它是他的精神导师。画家抓住了神兽的鬃毛，转身指向灵界。然后，他们两个迅速飞奔起来，轻巧地滑过周围的奇境，开始寻找超越灵界的秘密。

信仰似乎是人类的一种非常普遍的特征。迄今为止，每一个人类部落都对某个精神世界有着某种形式的信仰，而且其中的大多数都对

"来世"有着某种解读。所有的部落都会举行仪式和祈祷，而且都旨在安抚或者诱惑那个看不见的世界里的神灵，希望他们能够对现世人类长期遭受的苦难多上些心。而我们没有任何证据表明其他物种也有某种，哪怕是一丁点儿类似的宗教行为。这不仅是因为其他动物缺乏语言能力。当然，语言对于在一个群体内使宗教形式化、正规化非常重要，否则我们就很难对何为神性、何为来世等问题达成共识。但语言并不是宗教产生的根本原因。

关于人类的宗教，我们可以提出三个截然不同的问题：第一，为什么人类是唯一一个拥有宗教，相信另一个平行世界存在的物种？第二，宗教在人类祖先那里发挥了什么作用，以及这些作用在多大程度上仍然在为当代人服务？第三，人类历史上宗教第一次出现是在什么时候？

够用的框架，幸福的承诺

即使粗略地浏览一下世界上林林总总的宗教，我们也能得到一个结论，即宗教为近代和现代人类的生活提供了若干不同的目的，其各自的重要性不分伯仲，其中包括：（1）为我们生活的世界提供一致性（一种形而上学的体系，能解释世界缘何如此，人生意义何在）；（2）面对变幻莫测的周遭环境，让我们获得更多的控制感（通过祈祷或者其他形式）；（3）强化社会行为规范（伦理道德体系）；（4）允许少数人对群体施加政治控制。

我将这些目的划分为两大彼此独立的领域。一个与我们怎样与世界打交道有关，而这个世界并不总如人类希望的那样仁慈。另一个则主要与广义上的社会控制（social control）有关。

信仰能为我们生活的世界提供统一框架的想法并不新鲜。弗洛伊德等人认为，宗教在原始社会中发挥了科学的作用。当代人类学家经常大力抵制这种解释，主要原因是，他们对任何可能暗示部落社会是原始的、低等的，或者不如所谓西方"科学"社会的说法都非常反感，但这种观点还是很值得拿出来说一说的。有一件事是大多数宗教的必做功课，即说明世界的起源和运作机制。而这些说明除了向人类解释这个世界为何以现在的方式运作以外，还常常告知人类在这个世界中的角色应该是怎样的。我们并不想指责这些带有宗教色彩的解释如何的执迷不悟，也不会因为它跟科学观点格格不入就拼命贬低它。讨论这些没有意义，重要的是任何宗教体系的建立，都是为了消除混乱、维护秩序。在这个层面上，科学与宗教是统一的。

大千世界纷繁复杂，而人类非常善于将事物之间的相关性识别出来，这使得人类活动在生态层面非常有效，不管人类的角色是狩猎采集者、牧民还是园艺师。正如我在《科学的烦恼》（*The Trouble with*

Science）一书中详细描述的那样，传统社会与现代科学社会相比并不差，照样能对世界给出相当不错的现象学解释，也能够非常有效地利用这些信息来管理其经济活动。考虑到我们观察的都是同一个世界，这也在情理之中。然而，正如我们在第 2 章中讲到的那样，"知其然"和"知其所以然"有着根本的区别。后者关注的是世界背后的运作规律，如物理学、化学和生物学规律，而如果没有现代科学作为支撑，我们就无法探索隐藏在事物表面之下的规律。透过现象看问题很有趣，但也许跟我们当下的生存状态无关，说不定还会让生活越变越糟。以非洲南部桑人的眼光看来，潜入狮子的巢穴、观察幼狮出生的时候眼睛是否睁着，这个举动绝对是吃饱了撑的：徒然耗费生命获取那些无用的知识。桑人们无疑对日常生存的担忧更加紧迫，对他们来说，科学与探查幼狮的眼睛是否睁着是一回事——饶有趣味但无关紧要，甚至毫无意义。

获取与相关性有关的知识有这样一个问题：**人类的思想很快就会被自然界中海量的随机相关性所淹没，而人们本指望着借助这些相关性来预测未来**。但如果有一种模式可以帮助人们理解其他现象，那就可以大大降低人类的认知负荷：人们就不用记住那么多零碎的关系，而只要记住几条基本的、能够提供一致性解释以及推导出其他现象的原则就够了。问题的关键在于，这个模式本身是什么以及是否能够真实地反映现象世界其实并不重要。而为了确立这种模式，只需要找到一种理解、诠释周围世界的方法，并将各种表面上不相干的部分以一种符合逻辑、内洽的方式关联起来。从某种意义上说，这个大的模式越简单明了，就越行之有效。而如果这种模式本身过于复杂或者晦涩，那就不值得把本可以用来觅食或者寻找配偶的宝贵时间浪费在上面。

如果我们的世界观能够反映人类社会的组织形式，正如一些人类学家主张的那样，那么只要能够为构建知识体系提供一个大而有用的基础，人们就会欣然采纳。与科学不同，宗教给我们的并不一定是一个确切的答案，而是一个日常生活中够用的答案。当然，如果理论能更好地反映客观世界，也就能够更好地发挥作用，例如用于预测或者控制未来，人类的生存状态就会更好。然而，在现实生活中，收益递减法则（law of diminishing returns）①告诉我们，总有那么一个平衡点，超过了这个点就不值得投入更多的时间和精力来究根问底了。在传统社会中，这一点表现得非常明显，只要够用，一切皆可。

① 收益递减，是指在技术水平不变的条件下，当在某方面的投入数量增加到一定程度以后，增加一单位的投入所带来的产出增加量是递减的。收益递减是以技术水平和其他生产要素的投入数量保持不变为前提的。

而心智理论能力，以及在其支撑下发展出来的各种高级的认知能力，使得人类可以不再一味前行，而是退一步海阔天空，进入格物致知的境界。没有这种能力，人类不可能去探寻是否还有其他方法，不可能去猜想事物背后或者内部是否还有其他因素，科学研究更是无从谈起。具备了这种能力，人类才可以去钻研事物为什么一定是这样，或者说我们怎样才能改变事物。而即便是如黑猩猩这样的灵长类动物，也对此无能为力。究其原因，没有高阶的意向性能力，它们就缺乏足够的"退一步"的余地，所作所为全部依赖于当下的感官刺激所带来的反应。

这种能力固然可以给我们带来很多好处，但也需要付出相应的代价。很快，我们将不得不面对生存不易的事实，烦恼纷至沓来。各种各样无法控制的事件层出不穷：我们一会儿是被暴发的山洪或狂怒的野象吞没，一会儿是被山上冲下来的强盗洗劫了村庄或仓库，一会儿是被突如其来的疾病夺去了子女的性命。人类如此多愁善感，怎能顶住这样的压力：失去心爱之人，遭遇撕心裂肺之痛。我们需要一些东西来支持自己与命运抗争，坚韧地渡过那些最困难的时期，直到下一段更美好的时光到来。假如人类真的孤立无援，我们会迅速地屈服于沮丧和绝望，最终万念俱灰，失去活下去的欲望。

宗教是一种怎样的体验？

此外，也就是在过去的十几年中，从生物学层面针对宗教体验的研究才如雨后春笋般开展起来。在宗教要求信众们所从事的活动中，很多都有助于促进大脑中内啡肽的产生。当然，不同的宗教传统对其所认同的宗教仪式有不同的侧重点，但令人惊讶的是，很多宗教活动中都强调了对身体施加某种疼痛和（或）压力这种形式，例如禁食、跳舞或者其他节律性运动（如犹太教徒在耶路撒冷的圣殿墙旁，一边祈祷一边摆动着身体；或用念珠等祈祷用具，一边拨动一边计数），又如鞭打或者朝圣者所经受的其他苦刑（例如跪着爬向耶稣受难十字架像，或者在佛教和瑜伽传统中长时间保持某种难以忍受的姿势）。部落社会中有着包含各种考验的成年礼和集体歌唱仪式（特别是在诵经时尤为典型的那种深沉、持久的调子，还有福音派基督教传统中那种热情洋溢的赞美诗唱法）。伊斯兰教苏菲派吟唱卡瓦里（Qawwali）时那种强烈和重复的节奏，在传教士带领下信众情绪的起起伏伏，信众沉浸在仪式里长达数小时不能自拔，诸如此类的例子数不胜数。

这些活动都对身体施加了强度不高但持续时间较久的压力，而正是这种持续的低压力水平对刺激内啡肽的产生特别有效。与神经性疼痛控制系统（旨在应对由实际损伤引起的剧烈疼痛）不同，与内啡肽有关的机制是专门用来应对长时间压力导致的各种身体不适的。例如，马拉松运动员应该非常喜欢内啡肽，因为这种物质可以帮助他们熬过长跑中的痛苦和磨难。事实上，长跑运动员所熟悉的"新动力"（second wind）现象，背后最终起作用的可能就是内啡肽。坚持每天一次、有规律地锻炼的慢跑者，他们的肌肉会处于轻微而反复的压力状态下，跑者对在这种情况下产生的内啡肽一定也不陌生。而正是这种每天一次的刺激频率，使得他们对慢跑有种"成瘾"的感觉。一旦哪天没跑步，他们就会体验到"突然彻底戒毒"的感觉，也就是被彻底剥夺了阿片类制剂、"药瘾发作"的感受（不过效果要温和得多）：他们会变得急躁、易怒、无法自持，一直等到恢复跑步才作罢。

看起来宗教活动的目的似乎就是给我们提供这种阿片类"药物"，使我们能够更加心平气和地面对变幻莫测的世界，还能跟邻居们和睦相处。但也有可能是内啡肽的产生提升了免疫系统的活性，从而可以直接保护身体免受疾病或伤害的侵袭。事实上，现实情况中还真有一个关于动物园里的笼养动物的有趣例子。已经有证据表明，一旦动物开始来回踱步，显得烦躁不安，它们体内内啡肽的分泌就会增加。无论好坏，这也许会帮助动物们更好地应对笼养环境下禁闭的压力。

可以"提供"阿片类"药物"的宗教形式非常普遍，有时甚至成了某一宗教派别独树一帜、赖以立身的基点，其中最臭名昭著的当属诞生于 1260 年意大利佩鲁贾地区的鞭笞派（Flagellants）。当时，由

50 ～ 500 名忏悔者组成的队伍在不同的村庄或城镇中游历，他们在每一座教堂前都会停下脚步，在一场精心编排、高度紧张的仪式中鞭打自己。这种仪式吸引了大批人围观，一时间成了奇观，往往还会出现富人、穷人纷纷加入的场面。由于这样的经历经常引起严重的疼痛甚至受伤，这个宗教运动持续的时间并不长。尽管如此，一个世纪后鞭笞派还是卷土重来了，主要原因是 1347 年至 1348 年间，黑死病席卷欧洲，信徒们出于绝望而孤注一掷，以为通过大规模的赎罪可以消灭这种由人类的罪恶所带来的疾病，但可惜还是误入歧途——至少人们发现，这种游行队伍实际上助长了瘟疫的传播，以致后来各个城镇都将这些人拒之门外。

俄罗斯东正教内也出现了鞭身派（Khlysty，其成员被称为 "Flagellators"）和阉割派（Skoptzy，其成员被称为 "Mutilators"）。他们旨在通过自我强加的痛苦以进入一种宗教意义上的极乐境界。也许是因为阉割派主张自宫（对其女性成员而言，则是割除乳房），这一怪异的教派只存在了极短的一段时间。

"阿片类药物效应" 更像是给予大众的安慰奖，真正擅长此道的人弄出了很多别的花样来。在 10 多年前，神经学家安德鲁·纽伯格（Andrew Newberg）和人类学家尤金·达基里（Eugene d'Aquili）发现，能够达到高度宗教狂喜状态的人，其大脑活动的模式非常特殊。大脑扫描的结果表明，在这种状态下，位于左半脑后顶叶的一块区域的活动水平大幅下降，而此区域主要与人类的空间感知能力相关。顺便说一句，他们发现右脑中也同时存在大量的活动，这点很难解释。

基于以上证据，纽伯格和达基里认为，一场精心策划的精神训练活动（mental practice，所有宗教中都存在的各种神秘术），足以让懂得诀窍的人释放其大脑左顶叶后部的一束神经元（大致位于左耳上下的部位）。一旦这些神经元脱离了大脑其他部位的束缚，它们就会通过大脑边缘系统向下丘脑释放一系列脉冲，然后在下丘脑、额叶皮质中的注意区域以及顶叶之间建立一个反馈回路。只要反馈回路一建立，就能剥夺人的空间感知能力，并使人们进入欣喜解脱、天人合一的境地。顶叶中的这一束神经元自然也因此被称为"上帝点"（god spot）。

然而，这些效应背后的原因可能并不完全是纽伯格和达基里所设想的那样。在整个反馈回路中，下丘脑参与其中，而下丘脑恰恰是阿片类物质在大脑中起作用的一个重要区域：内啡肽就是由它释放的。冥想期间出现的平和的虚无感，也许只是因为一股人类所熟悉的阿片类物质喷出来的产物。其实，他们两位的发现中最重要的一点是，对熟门熟路的人来说，这些效应可以由精神上的自我刺激产生。有趣的是，神秘主义者所宣称的这些经历和濒死体验是一样的，其中包括光芒四射、精神焕发、平静祥和以及灵魂出窍等。而濒死体验是由大脑缺氧导致的。所以，一种可能的解释是，能够对这些神秘体验驾轻就熟的人，实际上是掌握了一种可以诱导大脑缺氧的方法，甚至是一种选择性地诱导大脑的某一特定区域缺氧的方法。

总之，神秘主义者已经发现了宇宙的终极答案。不过，这并不是道格拉斯·亚当斯在《银河系漫游指南》中给出的"42"[1]。而是一种自我诱导内啡肽分泌的能力。对我们这些凡夫俗子来说，只能采用更加平缓的物理刺激以低得多的强度来达到相同的效果。

社区：集体与归属感

有组织的宗教团体的成员同样也是社区成员，而社区成员之间互相支持的力度往往都比较大，成员普遍具有一种归属感。有相当多的证据表明，人们对抗疾病和应对生活中各种创伤的能力，与其所处的社交网络的规模有着直接的关系。20世纪50年代，在英格兰纽卡

[1] 在《银河系漫游指南》中，超级计算机对"生命、宇宙以及一切"所给出的终极答案就是42。很多西方科学家都喜欢在作品引用这部系列小说中的典故。

斯尔进行的一项大型研究表明，即便是在像英国这样的现代工业社会中，规模较大的家庭中的儿童得病的概率及死亡率，都低于规模较小的家庭。有研究人员在加勒比海地区多米尼加的一个农村社区进行的研究也得出了类似的结果。

当然，这些都是统计结果，并不是说大家庭中的每个个体都是如此，只是说平均而言他们的日子好过些。但统计结果的确能够说明问题。北美早期欧洲移民的死亡率也与其亲属团体的规模有关。在 1620 年由"五月花号"殖民者在弗吉尼亚建立的著名的普利茅斯定居点中，凡是孤身一人前来的，其在第一个冬天的死亡率远远高于那些携家带口前来的人。其中，幸存者与其他所有殖民者的平均亲缘关系① 关联度为 0.8，而这个数字对死亡者来说只有 0.2。

类似的故事还有著名的"唐纳帮"（Donner Party），这是美国民众中广为流传的一个传奇

① 在这项研究中，亲缘关系被定义为所研究的个体与群体中其他人之间一对一的关联度的总和：我们与父母、子女和兄弟姐妹的关联度为0.5，与孙辈、祖辈、父母双方的兄弟姐妹、兄弟姐妹的子女，还有同父（母）异母（父）的半同胞之间的关联度为0.25，与表（堂）亲之间的关联度为0.125，依此类推。

事件之一。唐纳帮于 1946 年从伊利诺伊州的斯普林菲尔德(Springfield)出发的时候，一共有 87 名成员，包括男人、女人和孩子。他们乘坐 20辆有篷车开启了旅途，期许着在加利福尼亚开始新的生活。历经一路上的风餐露宿、意外频发，他们抵达内华达山脉的山口时已经比预计的时间晚了许多，而这时的山区风雪突至，他们进退两难，只能就地过冬。等到来年 4 月解冻的时候，40 名成员（将近一半）不幸在严酷的环境中逝去。进而人们发现，群体中有两个数字不成比例，一是那些独自旅行且身材魁梧的年轻人的死亡人数，二是那些幸存者的家庭成员人数。幸存下来的成年男性平均有 8.4 个家庭成员，而死亡男性平均有 5.4 个家庭成员。从斯普林菲尔德出发的 15 名单身男性中，只有 3 个走到了加利福尼亚；唯一死亡的女性是一个 4 人团的成员，而幸存下来的女性中，家庭成员的平均个数是 10。

家庭、归属感等意念会让我们精神振奋，更积极、自信地走向世界、承担责任，而且事实上人们也的确能够做得更好。现实中也有证据表明，社交网络的支持对我们的免疫系统有着正向的影响，而这恰恰是我们抵御疾病、更好地应对变幻莫测的人生所需要的。例如，英国的国家卫生统计数据证实，人们发生心情抑郁的频次与是否遭遇到家人支持的瓦解有着直接的关系。如在基督教传统中，教堂经常被人们视为一个大家庭，除了圣父、圣母（耶稣的母亲）的肖像处处可见，信教者还将神职人员尊称为"神父"，更不用说教友们之间广泛采用的"弟兄姊妹"这样的称呼，这些都能够引发我们"同是一家人"的共鸣。

一切都表明，宗教意识历经演变，起到了促进和集聚家庭群体的心理纽带的作用，而人类的进化大部分都是在这样扩大化的家庭中发生的。集体意识、归属感都源自于此。拥有共同的世界观以及相同的饮食习惯、礼节仪式、行为禁忌等，都和方言一样，是成为一个群体的重要标志。事实上，越是苛刻的做法，越能够体现对某种理念的认同。而集体意识越是专注于某些先知人物的时候，就会越发显得陶醉和癫狂。在这样的环境下，我们会心甘情愿地将个人欲望升华为共同理想，集体的力量一旦爆发就不可估量。

花衣魔笛手与集体性狂热

1978年11月18日，在南美洲北部圭亚那的琼斯镇，应教主吉姆·琼斯（Jim Jones）的指示，在人民圣殿（People's Temple）里，923名男子、妇女和儿童自杀（其中一些并非自愿）。琼斯曾标榜自己是耶稣基督，并将追随者从美国带到了圭亚那。据称是因为他相信美国即将成为世界末日善恶决战的战场，而更可能的原因是联邦调查局对他的关注开始多了起来。一场由美国国会议员发起的针对琼斯镇的调查（这名议员后来被琼斯的亲信杀害）敲响了人民圣殿教的丧钟。重压之下，琼斯想要脱离罗网已然无计可施，只能出此下策。

这类事件绝非罕见。1993 年 2 月下旬，大卫·考雷什（David Koresh）及其大卫教派（Branch Davidian）的 73 名信众集体自杀。当时，美国安全部队正在袭击其在得克萨斯州卡梅尔山的韦克山庄。而在之后的 10 年内，至少还有 3 个隶属于各种无名宗教派别或新生代邪教的团体，在美国加利福尼亚州、瑞士和加拿大实施了自杀。

究竟是什么原因，能让一个人说服那么多信众乖乖地跟着他一步步走向悬崖，最终义无反顾地跳下去？如果说上述例子只是孤例的话，我们或许还能跟自己说，这只是少数人发疯了，或是圣女贞德式的自我毁灭罢了。但实际上这一幕幕只是冰山一角。千百年来，普罗大众似乎都有自觉自愿地追随任何一个花衣魔笛手（Pied Piper）而去的倾向。

在耶稣时代来临前一个世纪左右，西方已经涌现了一大批犹太人先知和弥赛亚。而在那之后，同样也有一长串现在早已被遗忘的名字，包括西蒙·巴尔·科赫巴（尽管有人认为这位公元 2 世纪早期的游击队领导人从未宣称过自己是救世主）、"克里特岛的摩西"（Moses of Crete，公元 5 世纪），以及沙巴泰·泽维（Sabbatai Zevi），在他们声名鼎盛的时候，每个人都吸引了大批追随者，并在地中海东部及其以外的广大地区保持了巨大影响力。沙巴泰·泽维被公认为是最后一位伟大的犹太神秘主义者和先知。在受到鼓励、宣称自己是弥赛亚后，利用 17 世纪中叶的几十年时间，沙巴泰·泽维在整个欧洲和小亚细亚的犹太社团中获得了广泛的声誉。1666 年，他在君士坦丁堡被俘，尽管为了避免土耳其苏丹的处决，他皈依了伊斯兰教，并在流放过程中死去，但他的名声早已超越死亡、名垂青史。后来，其信众至少在 18 世纪有过那么一次重建教派的努力。

在基督教传统中，庸人自命为弥赛亚的现象屡见不鲜，而且往往与迫在眉睫的世界末日相关联。在中世纪前的欧洲，"法国热沃当的基督"（Christ of Gevaudon）麾下曾拥兵三千，但最终在公元 593 年被当地主教派信徒砍死。一个半世纪后，法国苏瓦松的阿尔德伯特（Aldebert of Soissons）声称自己持有耶稣来信，并且在有生之年将成为一位圣人。他的追随者很多，以致远在罗马的教皇匝加利亚（Pope Zacchary）也被惊动了。12 世纪的欧洲似乎盛产弥赛亚。欧登（Eudode Stella）曾宣布自己是上帝的儿子。安特卫普的坦赫林（Tanchelm of Antwerp）在一场非常成功的传教之旅后，刚开始还谦逊地宣称自己是上帝之子，甚至有了自己的十二门徒，但很快他就自称为上帝了：在一场宏大的仪式中，当着信众和一尊圣母像的面，他公开宣布了与圣母玛利亚的婚约。

在文艺复兴晚期和后宗教改革时期，中欧地区涌现出了大量新教派，包括他泊派（Taborites）、胡斯派（Hussites）、再洗礼派（Anabaptists）和门诺派（Mennonites）等。后来，在 18 世纪和 19 世纪，英国和美国产生了无数知名或不知名的异教，而几乎所有这样的教派都各自起源于一个独立的创始人，例如震颤派（Shakers）、尽善派（Oneidans）等。在纽约出现了大批信众追随的绰号为"蹦蹦跳跳的基督"（Jumpin' Jesus）的马修斯（Matthews），在教化较好的维多利亚布莱顿（Brighton）周围则聚集了以牧师亨利·普林斯（Reverend Henry Prince，全称为 Reverend Henry James Prince）为首的众多门徒。这些教派都逐渐随着其创始人的离世而消逝了。但是还有其他一些教派，如卫理公会、摩门教、贵格会等，它们渐渐强大起来并奠定了稳步发展的基础。

为什么只有人类拥有宗教？为什么宗教对人类有着如此的束缚？尽管人类聪慧至此，为什么还是会一再屈从于宗教狂热分子的指令——旁观者一眼就能看出其中的荒诞不经，而身陷其中的人却甘愿为此赴汤蹈火、慷慨赴死？

更糟糕的是，人类还经常会屠杀成千上万的同胞，仅仅是因为他们恰好持有与自己不同的宗教信仰。无论是作为一种煽动性力量，还是作为一种屠杀的借口，宗教都与人类历史如影相随，而且起到了实打实的作用，这的确值得我们思考。我们不能大笔一挥，继续将黑猩猩在森林中的生活描述得如田园诗一般，却将凯瑟克拉族群中雄性黑猩猩的暴行写成是偶然的失常行为；我们更不能轻描淡写地将这些宗教行为都归结为某些人在某些时候的精神失常。

　　宗教所带来的团体意识使得宗教的附属职能凸显出来：胁迫，而且这种胁迫常常波及国家层面。对一个小型团队来说，宗教可以起到增强集体规范的作用，而这个规范是什么并不重要。对一个小的社区而言，宗教可以防止个人行为损害集体行为的协调性和有效性，而人类将大部分时间都花在了这样的小型社区里面。对所有具有强烈社会性特征的物种来说，例如灵长类动物，首先要保证的一定是每个成员的生存和繁殖。从这个意义上讲，人们必须对那些逆反个体所造成的破坏性影响加以控制，对个人主义者、拒不合作的个体，以及总想着不劳而获的个体，都必须加以管制，这是符合社会最高利益的做法。所以，人类往往会默许集体主义的观点，特别是这种观点以某种强烈的宗教形式表达出来的时候，比如说音乐、舞蹈、仪式等共同作用时，其感情色彩就更加浓郁了。简而言之，宗教是一种将社会成员凝聚在一起，让他们为了共同利益而奋斗的极佳机制。正因为如此，宗教必须不断前行，宗教思想必须不断进化，尽管有时这种进化本身非常无情和残酷。

宗教领袖是稀有的

心智理论对宗教而言至关重要。从最基本的层面来看，宗教需要人类能够假设在目之所及之外，还有另外一个世界存在，这意味着个体的心智理论能力至少要达到二阶意向性水平。

猿类最多也只能做到这一点，所以宗教不大可能在人类的直系家庭以外出现，但我怀疑宗教对认知能力的要求远不止如此。

为了能够从事宗教活动，人们必须要相信存在一个居住着神灵的平行世界，而且它们的意图可以被自己的祈祷所影响。换句话说，人们相信（1）神灵愿意（2）影响自己的未来。如果我无法影响这些神灵的意图，那么宗教就没有用武之地了：这些神灵与突然出现的洪水泛滥或火山爆发几乎没有什么不同。一个宗教的真正价值在于其必须能够影响教徒的未来。

但是，二阶意向性并不足以驱动哲学意义上的信念。宗教要发挥作用，神灵必须能够理解祈祷者的诉求。因此，宗教看起来可能必须以三阶意向性为前提："我相信（1）神灵可以理解（2）我真正渴望的东西（3），并且正在以我的名义采取行动。"

我认为，这才足以解释个人宗教意识的演变，包括为个人的宗教体验、独特信仰以及先验经验提供的认知基础。但这还不足以解释宗教的集体意识，毕竟，宗教中最核心的部分还包括大规模的仪式以及公开认同。如果没有社会活动作为必要形式，那么宗教就毫无意义。信徒们需要聚集在一起参与共同的仪式、奉有共同的信仰，这样才能够形成一个社区。为了达到这个目的，信徒至少需要四阶或五阶意向性水平："我假定（1）你认为（2）我相信（3）神灵愿意（4）影响我们的未来（因为它们理解我们的诉求 [5]）。"除非人们以这种方式走到一起，否则他们就没有宗教信仰，只有个人信仰。宗教之所以为宗教，就是说信仰一定是共享的、公共的。

当然，只有人类才具备四阶意向性水平。更有意思的是，只有部分人类拥有五阶和六阶意向性水平，这也解释了为什么成功的宗教领袖实属凤毛麟角。宗教领袖就像好的小说家一样，属于稀有品种。

墓穴做证，逝者能言：又见尼安德特人

最后一个问题：宗教是什么时候首次出现在人类历史上的？简而言之，我们不知道答案，但是有些证据可能会给我们一些提示。

我们知道，所有现存的人类社会都具备某种形式的宗教，这表明宗教是人类意识机制的一个必然的共同特征，并不存在某种显著的巧

合——在许多不同的地方、不同的场合下，宗教都同时按照同一模式自发产生了。这反过来说明，宗教有着远古的起源，与"旧石器时代晚期革命"以来3万年中出现的文化多样性无关。"旧石器时代晚期革命"局限于欧洲，与非洲、亚洲和澳大利亚的现代人类似乎都搭不上边儿。如果的确如此，那么宗教至少要追溯到所有现代人类的最后一个共同祖先。正如我们在第1章中看到的，分子遗传学的证据表明，现代人类的欧亚分支和非洲分支最后是在7万年前分开的，当时欧亚人的祖先刚刚离开了他们的非洲家园。因此，宗教的共同根源必须是在7万年前和所有现代人的最后共同祖先生活的时间点之间，而后者大约是在20万年前。但在此之前，宗教意识已经进化了多久？有什么考古学证据？

我们面临的问题是如何识别考古记录中与宗教有关的痕迹。毕竟，如果对基督教的口述历史一无所知，我们根本无法解释十字架或者圣杯的重要意义。这个问题就跟如何对动物群体中的文化现象给出定义一样，一种解决办法是寻找那些没有明显实用目的的现象。麻烦的是，大多数这类现象也有可能具备实用价值，而硬要把实用性目的和仪式性目的分开的话，又似乎非常棘手。那些史前维纳斯雕像仅仅是一种生育符号或者女神形象，抑或只是一种娱乐装饰用的艺术品吗？所幸，我们的确找到了一种人类行为，可以证明人类对来世的信仰，因为它具备了非常具体而且相对明确的形式——墓葬。

公认最早的与刻意墓葬行为有关的证据来自位于捷克普雷莫斯特（Predmosti）和下维斯特尼采（Dolni Vestonice）的两个克罗马农人遗址。这两个遗址的历史都可以追溯到 25 000 年前。其中一个出土了两个年轻男子和两个年轻女子的合葬墓，另一个则出土了 18 人的合葬墓，巨大的墓坑上还覆盖着猛犸象骨和石灰岩石板。在俄罗斯的松希尔（Sungir）遗址（可追溯到 22 000 年前），考古人员发现了两具头顶头放置的儿童骸骨，其中一具身上覆盖着约 5 000 颗珠子，珠子的位置表明它们极有可能是这个儿童在下葬时所穿衣服的一部分。另外，大约 250 颗穿过孔的北极狐牙齿环绕在其腰部，仿佛缀在一条腰带之上；一个象牙制成的垂饰放在胸前，而一根同样是象牙制成的针状物则位于喉部附近。另一具骸骨上也有相当数量的珠子，似乎都曾经点缀在某件衣服上面，无独有偶，象牙针的位置也是一模一样。尸体周围还散落着各种各样大大小小的象牙矛、一些鹿角做成的"魔杖"、一座象牙雕刻而成的猛犸象，以及一段高度抛光的、塞满了红赭石的人体股骨骨干。

在尼安德特人的遗址中，有人曾发现过许多有可能是墓穴的场所，有些最早可以追溯到 5 万年前，但与此相关的证据充其量只能说是模棱两可。十几年前，当人们在伊拉克沙尼达尔（Shanidar）的一具尼安德特人的骸骨附近发现花粉的时候，曾经兴奋不已了好一阵子。有人据此断定，花粉意味着花朵的存在，而花朵是不可能被偶然带入的，因此，花朵必定是葬礼仪式的一部分。但这股热情后来又消退了，特别是有人指出埋葬地点曾经受到过严重的干扰，可能是啮齿类动物的活动，也可能是风吹，都有可能把花粉带到"墓穴"里面，尤其是在尸体已经放置了那么久的情况下。

同样，在尼安德特人的骸骨旁边经常能发现一些工具和动物骨骼，这也曾被人们满怀希望地判定为刻意墓葬的证据。有人在俄罗斯南部的铁西克-塔什山洞（Teshik-Tash）里发现过一名年轻男孩的骸骨，这曾激起了人们极大的兴趣，原因是骸骨被 6 只山羊角围绕着。然而，现在很多考古学家认为，这些骨头和工具也许不是刻意被摆放在那里的：它们只是尼安德特人在定居点遗留下来的瓦砾碎片，随着时间的流逝，这些碎片就和死者的尸体一起长年累月地累积下来了。还有，这些"墓穴"中的骸骨经常呈现一种胎儿的形态——膝盖蜷缩，并与下巴相抵，尽管这曾让人们欢欣鼓舞，但其实也有一个看似平淡无奇却简单明了的解释：当时的尼安德特人只是希望在处理尸体的时候，洞挖得小一些。而且，有些尼安德特人的骨骼上甚至能找到鬣狗和其他食肉动物啃食的痕迹，这说明当时人们并没有精心地埋葬死者，并为他们的来世做准备。再有，某些骨骼上精细的切痕表明，这些尸体曾经被有条不紊地剥掉了皮肉——这一点，现在已经被解释为食人族的一种特征。总之，即便尼安德特人真的埋葬了死者，其墓穴也远没有后来取代他们的克罗马农人所建造的坟墓精致。

总的来说，我们从所有这些证据中唯一可以得出的结论是：人们相信死后有来世，为了让死者来世更轻松而准备殉葬品，这种情况只确切地出现在旧石器时代晚期的克罗马农时代的人身上。而这时距语言第一次出现可能已经过了很长时间。从史前艺术中发现的证据可以充分地支持这一点。从西班牙到俄罗斯南部，人们在欧洲南部的将近30个洞穴中都发现了女性小雕像和动物雕刻，其中大多数均可追溯到距今2.8万年至2.1万年前。此外，人们在大约150个洞穴中也发现了史前艺术的遗迹，大部分都位于法国南部和西班牙北部，少数位于德国南部和东部。历史最悠久的洞穴——法国阿尔代什谷中的肖维岩洞甚至可以追溯到3.1万年前，其中的岩画都与尼安德特人之后的马格德林人（克罗马农时代后期）有关，他们主要分布在法国、比利时、瑞士、德国、西班牙和波兰等地。

关于所有这些艺术作品的目的何在，目前学界尚无定论，但由于它们常常是在极深的地下被发现，常人难以进入，所以有一种解释是这些艺术作品具有某种准宗教功能或者某些仪式性的目的，例如可能与成人礼或狩猎仪式有关。确实，这些艺术品的题材大多与动物相关。在当下现存的狩猎采集社会中，如非洲南部的桑人就有许多仪式与某种动物魔法有关，这也算是为上述解释提供了旁证。在桑人的成人礼——"羚羊舞"（elanddance）中，舞者们会浑身披挂羚羊皮制作的斗篷和头饰，并为仪式献血。

但是，也许这只能告诉我们，关于某种来世的信念是在什么时候发展出来的（在来世中，现世的身体和身外之物都是必不可少的）。也许在此之前，宗教已经存在了，但是人们还没有将世俗的躯壳与他们死后的灵魂寄居之处联系起来。毕竟无论死于何处，躯体都不会随着生命一起消失。此外，并不是所有的宗教都认为需要保存尸体：有些信奉火化，有些则将尸体交由食腐动物处理。如果墓葬并非来世信念的必然标志，考古记录或许并不是特别有用。

另一种解释是从宗教对认知能力的需求出发，就像我们在研究语言进化的时间表时做的那样。如果宗教需要四阶甚至五阶意向性能力，那么我们应该能够根据第 3 章中发现的意向性水平——大脑尺寸与化石记录之间的关系，来确定五阶意向性出现的时间，而宗教作为一种公共活动出现的前提条件正好是五阶意向性。图 6-1 显示了原始人类化石的年龄与从化石中确定的对意向性水平的最高支持程度两者之间的关系。

图 6-1 中列出了基于化石对原始人的大脑体积的估计，方法是根据标准公式估算出额叶尺寸，再利用在猴子、猿类和现代人类身上发现的额叶尺寸与可达到的意向性水平之间的关系，就可以估算每个原始人群体所对应的意向性水平了。图中的每个点代表一个原始人群体的平均值。

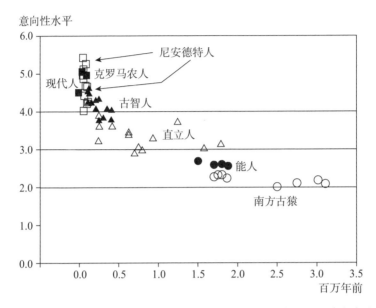

图 6-1　意向性水平支持度变迁图

　　根据这些数值可以看出，尽管直立人已经具备了三阶意向性，但四阶意向性一直要等到 5 万年前的古智人身上才出现。如果宗教的产生是以四阶意向性为前提的，那么它可能与语言的兴起相吻合。这并不奇怪，宗教是公共活动，语言必不可少：毕竟人们需要使用语言来解释宗教体系和劝说其他人皈依宗教，所以语言一定是在宗教产生前就已经准备停当了。五阶意向性则与解剖学意义上的现代人类密切相关，出现的时候很晚。假如宗教真的需要五阶意向性水平来维持，那么它的出现最多可以从现在往前倒推 20 万年。这也许并非偶然，因为这恰好是语言具备了完整语法的时间。任何先验的宗教信仰都需要形而上学的概念的支撑，而完整的语法结构对这些概念的传播至关重要。

有一个问题虽然很有趣，却一直让人心神不定：尼安德特人的脑部容量和人类一样大，甚至还要更大。假如上述逻辑是成立的，那我们就有理由认为尼安德特人的时代也存在宗教现象。对此，我们可以有三种可能的立场，尽管基于眼下掌握的证据我们还无法做出选择。第一种可能性，如果足够的大脑容量和五阶意向性在尼安德特人和克罗马农人两者之间是通过独立的进化得到的，那么这两个亚种很有可能其实已经各自发展了一种宗教生活方式。第二种可能性，由于宗教本质上是一种"软"的而非"硬"的变化，即便尼安德特人具备了五阶意向性的能力，但至少在一些重要的社会性领域，他们仍然没能发展出宗教。这么一来，宗教就成了一种少数人偶然发明的文化现象。这倒是与我们所知的宗教或教派产生时的情形相符。值得注意的是，宗教像野火一样，一旦在某处出现了一种文化变异，那它通过邻近社区传播的速度就会非常快。第三种可能性，尼安德特人的大脑结构与现代人类不同，虽然他们的脑部容量比现代人类大，但多出来的部分大都在脑后部与视觉感知相关的区域（如尼安德特人著名的"圆髻"），在额叶部分的比例则小得多。如果尼安德特人的额叶的确较小，那他们可以达到的意向性水平就会较低，也许就低到了不足以发展出全面的宗教的地步。

第三种可能性也许能解释考古学家们最头痛的一个问题：不管尼安德特人在以前有多么成功，为什么克罗马农人一抵达欧洲，尼安德特人就消失了？一个答案是：宗教赋予了克罗马农人一种顽强的附加力量，使得他们在被迫与尼安德特人进行生死之战的时候，能够在社会层面采取更加统一、有效的行动。而尼安德特人的世界里没有宗教，也就没有什么社会联系纽带，当来自非洲的人类直接祖先杀将过来的时候，他们根本无力抵抗。

一想到宗教，我们就会想起当代的国际性宗教，如印度教、耆那教、佛教、锡克教、神道教、犹太教和基督教等，或者是历史上曾出现过的有着深远意义的宗教，如阿兹特克人和印加人的太阳崇拜，古希腊和古罗马的泛神论，古波斯人的拜火教——这也许是世上最古老的组织化宗教，大约于公元 1200 年由其第一位先知查拉图斯特拉创立，如今继承这一宗教的是印度西部的帕西人。不管怎样，这些宗教都具有以下特征：复杂的哲学思想体系、国际化的层级制度以及高度组织化的崇拜仪式，而这些仪式往往在特别修建的庙堂之中举行。或许，在所有这些宗教中，新思潮、新运动都是源源不断地从居所、田野和乡村里涌现出来的，这也提醒我们，如果说宗教有何神秘之处的话，那一定不是来自朝堂之上的牧师、主教、长老和教皇，而是源自江湖之中的一小群人之间的窃窃私语。

也许宗教最早是从我们的狩猎采集者祖先中的流浪者那里萌发的。在现存的狩猎采集者和其他一些小型部族身上，我们仍然可以看到一些传统宗教的影子，这也是我们所能看到的最新的例子。在非洲南部的喀拉哈里沙漠（Kalahari Desert）里，桑人们的宗教表现为一种对灵界的信仰，以及能带人进出灵界的迷幻舞蹈仪式。没有牧师，只有一些据说擅长与精神世界打交道的人。我们或许可以用"萨满"（shaman）这个词来指代这些人，尽管严格地说，萨满是西伯利亚人的某些特定的信仰和仪式中才会出现的角色。至少在有些情况下，这些部落的宗教中似乎根本就没有来生的概念，非洲南部喀拉哈里沙漠中的桑人如此，非洲东部的马赛人也是如此。

南非考古学家戴维·刘易斯·威廉斯（David Lewis-Williams）非常确信萨满教就是史前人类的原始宗教形式。一个证据是灵魂出窍的能力在所有的人类社会中都不鲜见——有时借由音乐和舞蹈激发，有时又在苦苦冥想之后产生，而有时甚至要通过服用精神药物来达到目的，如墨西哥人喜欢的酶斯卡灵（mescaline）。另一个证据是史前洞穴壁画中的很多抽象元素，如圆点、格子、之字线、曲折线等，和同时代的非洲南部和澳大利亚的狩猎采集者留下的岩画一样，都与在科学实验期间服用致幻剂的被试所描述的见闻有着惊人的相似之处。他们能感受到灯光闪烁、线条脉动，那种强烈、耀眼的体验使他们怦然心动。特别是对那些生活在信奉灵界的文化中的人来说，他们可能会感觉到自己漂浮在身体之外，有时甚至觉得自己变成了特定的动物或神话人物。而在像基督教传统这样的自然神论文化中，那些灵魂出窍的人可能会觉得自己正渐渐地融入神的身体之中。

刘易斯·威廉姆斯认为，岩画的作者们梦寐以求的正是这样不折不扣的体验。当非洲南部的桑人利用岩画表现人类的时候，男人们通常是手持棍子、排成一排的形象。这种形象曾被误认为是男人们在外出狩猎，或者是带着长矛在参加战斗。刘易斯·威廉姆斯认为，这其实极可能是在描绘迷幻舞蹈的情景。第一个理由是在岩画的背景中有时会出现女性的形象（通过胸部、围裙或皮裙等特征可以识别），甚至男女会站在一起。第二个理由是半人半兽形象（人的身体和动物的头部）的出现。这两种形象都和与打猎有关的神话没有任何关联，更不用说战斗了，但它们恰恰出现在每一次的迷幻舞蹈中。另外，有时候，岩画上的男人鼻子里会流出鲜血，而在最终进入迷幻恍惚的高潮状态后，桑人的舞者们也会流鼻血。

这种对另一个世界孜孜以求的思想感情能发挥巨大的作用。不难看出，一定是少数人在团体音乐和舞蹈中偶然发现了这种体验，然后才将这种思想发扬光大的。想想看，如果能随心所欲地召唤这些体验，还可以引导他人借由自己进入幻境，这种掌控力将能让身怀此技的人获得何种威望和权力。人们对未知、无法控制的事物往往敬畏有加，而如果正好有人能够带领人们进退自如，那么恐惧就变成了信心和兴奋。这是一种足以扭转乾坤、让人脱胎换骨的强大力量。

于是，宗教的制度和机构就此奠定基础。萨满成了圣人，一个天赐魔力、在今世来生呼风唤雨之人，一个眷顾芸芸众生、创造奇迹之人，一个让生者释怀、逝者安息之人。到了这时候，牧师、等级、制度，甚至是宗教的各种繁文缛节也就呼之欲出了。

就宗教起源而言，我在此勾勒出的故事表明，早期的宗教可能圈子非常小、非常私密。也许这与音乐和舞蹈有关，而始作俑者很可能是音乐和舞蹈对加强社会联系所起到的作用（在迷幻恍惚状态下，内啡肽的分泌激增）——一种纯粹的化学效应，有助于将大型、分散的狩猎采集者群体凝聚起来。只有到了很晚的时候，宗教在文化方面的优势才逐渐显山露水。至于稳定人心、统一文化并形成各自的特色——最终宗教成为促使人们明德守礼、恪守不渝的手段，都是很久以后的事情。

完全社会化的宗教最低需要四阶意向性水平，而创立一种宗教则可能需要五阶意向性水平。如果没有五阶意向性水平，如果没有语言相助，宗教的社会属性将是无水之源。

人类在艺术和科学领域取得的成就无与伦比，可无论如何我们也

不能逃避这样一个结论：从本质上讲，信仰是一种使人类真正与猿类表亲们区别开来的现象。 在其他方面，从广义上我们都还能说人类其实和猿类是一样的，而且还能找到一个自圆其说的例子。但信仰不同，它一经产生就将人类带入了一个新天地，一下子就让猿类表亲们落下很远。毫无疑问，信仰能给一部分人带来抚慰，但也曾带来了可怕的噩梦。信仰，最终还是变成了一把双刃剑。

不断进化的我们

18 世纪的法国哲学家和数学家笛卡尔给我们留下了一份遗产。为了证明上帝的存在，他强化了动物和人类之间的差异性，从而为人类不公正地对待地球上的其他生灵提供了合理的依据，不仅如此，他还使得人类对自己的看法日渐膨胀[①]。当然，笛卡尔的确正确地强调了人类和其他动物的不同之处，人类当然是独一无二的，尤其是在关键的心理学方面。也的确是这些不同之处使得我们能够发展出语言、文化、宗教和科学等特质。人类曾有幸与众多动物一起度过漫长岁月，有了这些特质，人类才脱颖而出，拥有了丰富多彩的精神生活，而据我们所知，这种精神生活是举世无双的。

[①] 笛卡尔认为，人与动物的区别在于人是有心智的，而其他动物是没有心智的。动物的行为完全受制于物理学的机械运动的规律。人类"我思故我在"，是精神与物质的二元结合。

与此同时，我们还应该从一个适当的角度来审视这些看似显著的现象。仔细观察的话我们会发现，这些现象只是一些非常基本的生物和心理过程结合在一起涌现出来的结果，而这些过程都是人类与大多数的灵长类动物表亲所共同拥有的，区别仅仅在于人类运用这些能力的规模。

历史上的各种变故都对我们的先祖们提出了严苛的要求。与他们同时代的很多人并没有通过这些挑战，也没有留下任何后裔，但确实有少数人在关键时刻扭转了乾坤。而为了生存和繁殖，他们在艰苦卓绝的战斗中对各种紧急情况所采取的反应，其实和他们的祖先所做的事情一样，都出于其灵长类动物的生物本性。也许我们可以找出人类的某一个特质是在哪一个时间点出现的。然而，并没有一个时间点，能让我们指着它说："看，我们是在这里变成人了！"也不存在一条"通往大马士革之路"①，走着走着，猿类突然洗心革面，从"非人"变成了"人"。**相反，进化过程是各种特质循序渐**

① "通往大马士革之路"是《圣经》中的故事，讲的是扫罗在前往大马士革的路上遇到了基督，人生从此发生了改变，特指心灵、信仰发生了转变。

进式的积累，每一次面对从未遇到过的环境，每一次遇到特殊的挑战，其实都是在为这个长期的渐变过程铺平道路，这样才造就了今日的我们。

历史给了人类一个难得的大展身手的机遇，但实事求是地说，有时，我们在使用这些卓越能力的时候动机不良。信仰自然也不能独善其身，同样有着自己的黑暗历史。然而，这并不是说我们必须完全废除宗教。宗教可以帮助人们凝聚力量、应对挑战，在人类事务中曾发挥过重要作用，这些绝不能被急匆匆地抛弃掉。即使在今天，宗教对人类心理健康的正面影响也不容小觑。这就会让我们提出一个严肃的问题：如果没有宗教，人类要怎么办？

在一个理性主义的世界里，正如笛卡尔所设定的那样，宗教最终将与精神控制无异，我们的自然反应一定是尽快摆脱它。但真想这么做的话，我们需要找到一个宗教的替代品。正如罗伯特·普特南在他的《独自打保龄》（*Bowling Alone*）一书中指出的那样，有很多证据表明，融合良好的社区，反社会行为和犯罪造成的危害都较轻——毫无疑问，部分原因在于内部治安的投入，但也是因为社区成员愿意遵守共同的价值观和信仰，从而具备了相应的义务和社区意识。当代的理性主义者遇到的问题是：如何在不借助宗教的情况下使这种社区意识重生。即便解决了这个问题，如果我们放弃理性思维，投入神秘主义的怀抱，宗教仍然会有效地发挥它的作用。

你可能会说，人类真是一个奇怪的、反复无常的物种，是一个不断进化、总喜欢折腾的物种。但进化生物学家们指出：**进化并不是为了制造完美无缺的产品，而是在需求出现的时候，竭尽所能地在现有基础上做出调整，并创造出新的特质。同时，任何进化都不是免费的：凡是在设计上能带来好处的变化都必然要付出代价。进化过程只是要确保最终收益要超过成本。**因此，人类其实是一堆特质的大杂烩，在某个时刻看起来似乎是个挺好的设计，但事后来看，或许可以更好，或者完全可以采用不同的设计。在这方面，我们与任何曾经住在一起的动物没有任何区别。**人类所面对的挑战，一直都是在不完美的情况下生活下去，而且要让世界比我们当初遇到它时更美好。**

未来，属于终身学习者

我这辈子遇到的聪明人（来自各行各业的聪明人）没有不每天阅读的——没有，一个都没有。巴菲特读书之多，我读书之多，可能会让你感到吃惊。孩子们都笑话我。他们觉得我是一本长了两条腿的书。

——查理·芒格

互联网改变了信息连接的方式；指数型技术在迅速颠覆着现有的商业世界；人工智能已经开始抢占人类的工作岗位……

未来，到底需要什么样的人才？

改变命运唯一的策略是你要变成终身学习者。未来世界将不再需要单一的技能型人才，而是需要具备完善的知识结构、极强逻辑思考力和高感知力的复合型人才。优秀的人往往通过阅读建立足够强大的抽象思维能力，获得异于众人的思考和整合能力。未来，将属于终身学习者！而阅读必定和终身学习形影不离。

很多人读书，追求的是干货，寻求的是立刻行之有效的解决方案。其实这是一种留在舒适区的阅读方法。在这个充满不确定性的年代，答案不会简单地出现在书里，因为生活根本就没有标准确切的答案，你也不能期望过去的经验能解决未来的问题。

湛庐阅读APP：与最聪明的人共同进化

有人常常把成本支出的焦点放在书价上，把读完一本书当作阅读的终结。其实不然。

时间是读者付出的最大阅读成本

怎么读是读者面临的最大阅读障碍

"读书破万卷"不仅仅在"万"，更重要的是在"破"！

现在，我们构建了全新的 "湛庐阅读"APP。它将成为你"破万卷"的新居所。在这里：

- 不用考虑读什么，你可以便捷找到纸书、有声书和各种声音产品；
- 你可以学会怎么读，你将发现集泛读、通读、精读于一体的阅读解决方案；
- 你会与作者、译者、专家、推荐人和阅读教练相遇，他们是优质思想的发源地；
- 你会与优秀的读者和终身学习者为伍，他们对阅读和学习有着持久的热情和源源不绝的内驱力。

从单一到复合，从知道到精通，从理解到创造，湛庐希望建立一个"与最聪明的人共同进化"的社区，成为人类先进思想交汇的聚集地，与你共同迎接未来。

与此同时，我们希望能够重新定义你的学习场景，让你随时随地收获有内容、有价值的思想，通过阅读实现终身学习。这是我们的使命和价值。

湛庐阅读APP玩转指南

湛庐阅读APP结构图：

三步玩转湛庐阅读APP：

读一读 ▾

湛庐纸书一站买，
全年好书打包订

书城

听一听 ▾

泛读、通读、精读，
选取适合你的阅读方式

扫一扫 ▾

买书、听书、讲书、
拆书服务，一键获取

扫一扫

APP获取方式：
安卓用户前往各大应用市场、苹果用户前往APP Store
直接下载"湛庐阅读"APP，与最聪明的人共同进化！

使用APP扫一扫功能，
遇见书里书外更大的世界！

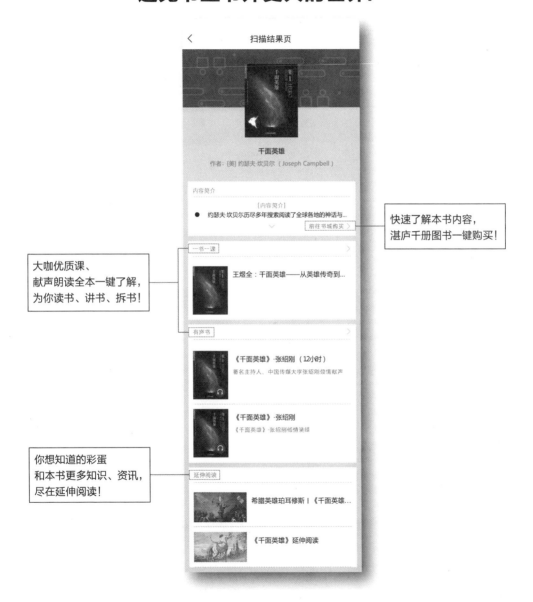

快速了解本书内容，
湛庐千册图书一键购买！

大咖优质课、
献声朗读全本一键了解，
为你读书、讲书、拆书！

你想知道的彩蛋
和本书更多知识、资讯，
尽在延伸阅读！

延 伸 阅 读

"深度理解社群"四部曲是"邓巴数"提出者、著名进化人类学家、牛津大学进化人类学教授罗宾·邓巴的重磅新作，由北京大学国家发展研究院教授汪丁丁作序推荐，清华大学社会科学学院院长、心理学系主任彭凯平，华大基因 CEO 尹烨联袂推荐！

《人类的算法》

◎ 人类缘何为人，又为何独特于其他所有物种？我们最根本的特质又是什么？

◎ 邓巴教授揭示了令我们卓尔不群的 6 大特质——直立行走、心智探奇、伴侣关系、语言本能、高级文化、群体意识。

使用"湛庐阅读"APP，"扫一扫"获取本书更多精彩内容
ISBN 978-7-220-11390-1

《最好的亲密关系》

◎ 人类拥有三类亲密关系：爱情、友情及亲情。随着大脑新皮层的不断增大，我们的社会行为也进化出了各种各样的模式。

◎ 本书揭示了邓巴数与人类关系构建中的秘密，展示了亲密关系建立与崩解背后的生物学、心理学基础。

使用"湛庐阅读"APP，"扫一扫"获取本书更多精彩内容
ISBN 978-7-220-11451-9

《社群的进化》

◎ 世界顶尖进化人类学家罗宾·邓巴用 7 大板块拼出一幅社群进化的完整图像。

◎ 本书为读者揭开了邓巴数与人类关系构建中的秘密，带你深度理解社群，理解人类，更好地面对未来社会。

使用"湛庐阅读"APP，"扫一扫"获取本书更多精彩内容
ISBN 978-7-220-11348-2

《大局观从何而来》

◎ 邓巴教授联合另外两位著名考古学教授，共同揭示了我们所拥有的能够进行大局思维的社会性大脑是如何进化产生的，社交又是如何改造我们的生活和大脑的。

◎ 一本书让你读懂人类的大局观思维是如何产生的，如何利用小群体经验解决大社会问题。

使用"湛庐阅读"APP，"扫一扫"获取本书更多精彩内容
ISBN 978-7-220-11339-0

图书在版编目（CIP）数据

人类的算法 /（美）罗宾·邓巴著；胡正飞译. —
成都：四川人民出版社，2019.6
ISBN 978-7-220-11390-1

Ⅰ.①人⋯ Ⅱ.①罗⋯ ②胡⋯ Ⅲ.①人类学－研究
Ⅳ.①Q98

中国版本图书馆 CIP 数据核字（2019）第 098492 号
著作权合同登记号
图字：21-2018-628

上架指导：社会科学 / 社群研究

版权所有，侵权必究
本书法律顾问　北京市盈科律师事务所　　崔爽律师
　　　　　　　　　　　　　　　　　　　张雅琴律师

RENLEI DE SUANFA

人类的算法

[英] 罗宾·邓巴　著　胡正飞　译

责任编辑：杨　立　李文雯
版式设计：张志浩
封面设计：ablackcover.com

────────────────────────

四川人民出版社
（成都市槐树街 2 号　　610031）
石家庄继文印刷有限公司印刷　新华书店经销
字数 161 千字　开本 710 毫米 ×965 毫米　1/16　印张 16.75　插页 1
2019 年 6 月第 1 版　2019 年 6 月第 1 次印刷
ISBN 978-7-220-11390-1
定价：69.90 元